1 Natürliche Zahlen

 10 000 Besucherplätze

 1 000 Besucherplätze

1 Die Anzahl der Besucherplätze ist durch Strichmännchen dargestellt.
Vervollständige die Tabelle.

Stadt		ZT	T	H	Z	E	Besucher-plätze
Aachen		2	2	0	0	0	22 000
München							
Stuttgart							60 000
Hannover							
Dortmund							
Frankfurt							
Leipzig							

Stellenwerttafel

1 Ergänze wie im Beispiel.

400	10	7
200		3
800	70	8

H	Z	E	Zahl
4	1	7	417
2	0	3	
6	3	5	
			526
			350
7	4	9	
			953

2 Trage in die Stellenwerttafel ein. Wie heißt die Zahl?

	T	H	Z	E	Zahl
6 T + 4 H + 3 Z + 8 E					
4 T + 3 H + 8 Z + 4 E					
6 H + 2 Z + 7 E					
9 T + 5 H + 0 Z + 3 E					
3 T + 3 Z + 4 E					
2 T + 5 H + 6 Z					
9 T					
6 T + 4 H + 3 Z + 8 E					
5 H + 5 E					
7 T + 7 E					

3 a) Bilde 12 Zahlen mit den Ziffern auf den Karten.

4 6 7 1

b) Wie heißt die kleinste Zahl, die du mit den Karten bilden kannst?

c) Wie heißt die größte Zahl, die du mit den Karten bilden kannst?

d) Ordne die Zahlen aus Aufgabe a). Beginne mit der kleinsten Zahl.

e) Wie viele Zahlen aus Aufgabe a) sind kleiner als 5 000?

Stellenwerttafel

1 Zerlege die Zahl in Tausender, Hunderter, Zehner und Einer und trage sie in die Stellenwerttafel ein.

4 805	4 T + 8 H + 5 E
5 793	
2 641	
5 068	
587	
6 849	
3 251	
5 795	
8 003	
700	

T	H	Z	E
4	8	0	5

2 Immer zwei Karten gehören zusammen. Färbe sie in derselben Farbe.

4 269	9 H + 5 Z	325	3 T + 2 Z + 5 E
3 025	6 924	9 500	6 T + 9 H + 2 Z + 4 E
4 T + 2 H + 6 Z + 9 E	9 T + 5 H	950	3 H + 2 Z + 5 E

3 Was gehört zusammen? Ordne zu.

fünftausendvierhundert	9 318
dreihundertsiebenundzwanzig	5 038
neuntausenddreihundertachtzehn	5 400
fünftausendachtunddreißig	981
dreitausendsechshundertzehn	3 610
neunhunderteinundachtzig	327

4 Hier wurden Fehler gemacht. Berichtige.

a) 3T + 4H + 6Z + 7E = 7 643 ____

8T + 5H + 9Z + 6E = 8 569 ____

5T + 3H + 7Z + 9E = 5 397 ____

b) 5T + 3H + 9E = 539 ____

3T + 4Z + 2E = 3 420 ____

7T + 5Z + 1E = 1 570 ____

Zählen und Schätzen

1 In welchem Bild kannst du die Anzahl besser bestimmen? Begründe.

A

_______ Knöpfe

B

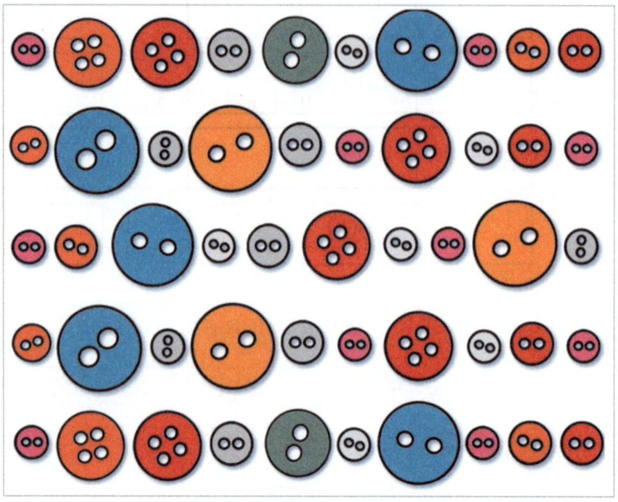

_______ Knöpfe

In Bild _______ kann ich die Anzahl besser bestimmen, weil _______________

____

2 Wie viele Gegenstände sind abgebildet?

a)

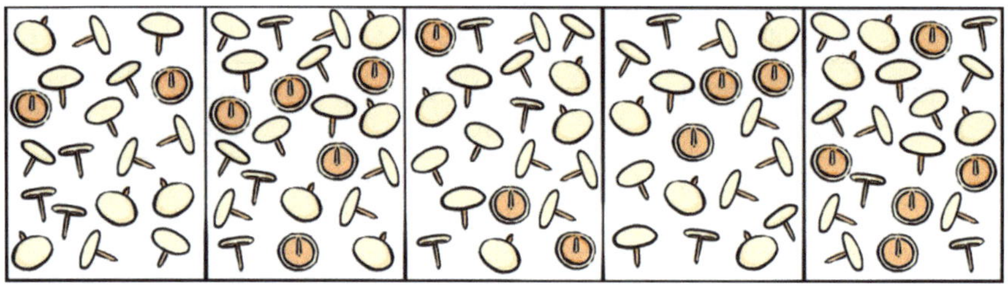

geschätzt: _______

gezählt: _______

b)

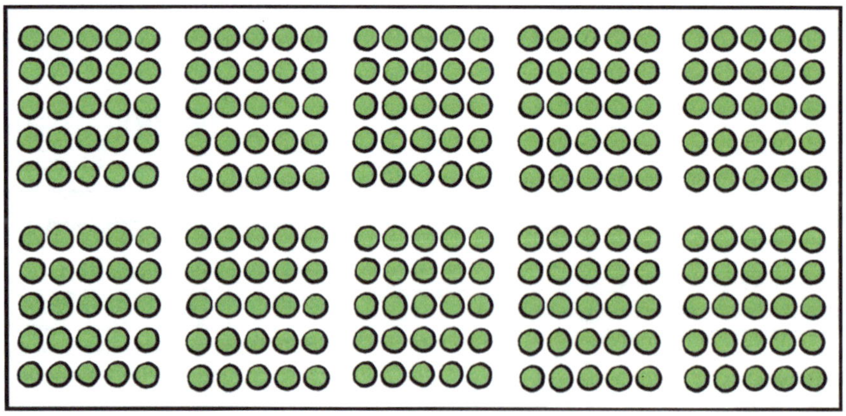

geschätzt: _______

gezählt: _______

3 Wie viele Kästchen sind gefärbt?

a)

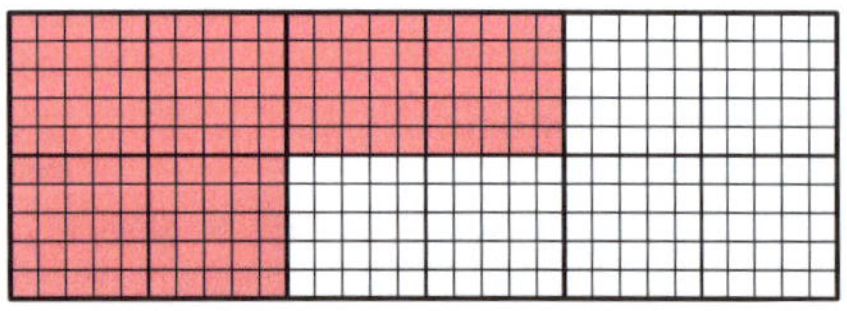

_______ Kästchen

b)

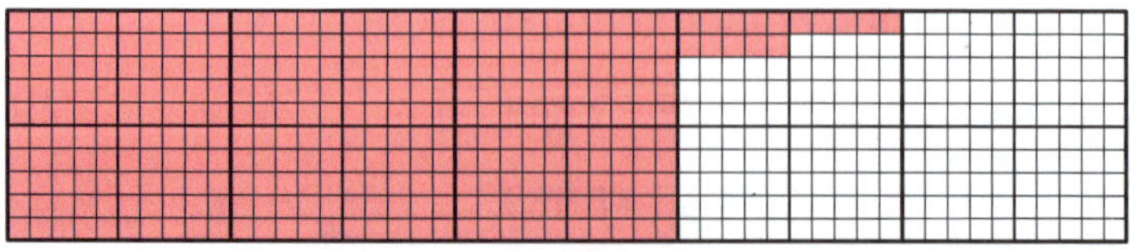

_______ Kästchen

Zahlen anordnen

1 Trage den Vorgänger und den Nachfolger ein.

a)

	674	
	7 392	
	4 099	
	8 000	

b)

	239	
	6 455	
	3 214	
	7 529	

c)

	400	
	9 600	
	5 210	
	4 327	

2 Trage die fehlenden Zahlen in die Tabelle ein.

a)

Vorgänger	Zahl	Nachfolger
4 725		
		5 890
	3 199	
5 309		

b)

Vorgänger	Zahl	Nachfolger
2 768		
	4 399	
		6 001
7 209		

3 Kleiner, größer oder gleich? Setze ein: <, > oder =

a) 704 ☐ 7 040
8 267 ☐ 827
1 000 ☐ 111
824 ☐ 2 048

b) 94 ☐ 108
563 ☐ 365
334 ☐ 339
740 ☐ 470

c) 405 ☐ 450
450 ☐ 504
405 ☐ 405
550 ☐ 505

d) 5 932 ☐ 5 932
3 950 ☐ 9 500
2 589 ☐ 2 851
8 103 ☐ 8 209

e) 5 020 ☐ 5 002
7 130 ☐ 7 031
4 217 ☐ 4 217
3 024 ☐ 3 420

f) 2 859 ☐ 2 509
6 071 ☐ 6 710
1 087 ☐ 1 087
9 170 ☐ 9 310

4 Ordne die Zahlen nach der Größe. Beginne mit der kleinsten Zahl.
Du erhältst ein Lösungswort.

a)

8 061	F	1 290	S
8 610	E	6 800	T
8 600	T	6 801	I

b)

7 200	P	8 702	R
8 270	E	7 280	A
7 802	P	8 207	I

Übungen am Zahlenstrahl

1 Wie heißen die Zahlen?

a)

0 100 200 300 400 500 600 700 800 900 1000 1100

b)

200 210 220 230 240 250 260 270 280 290 300 310 320

2 Wie heißen die Zahlen?

a)

0 1000 2000 3000 4000 5000 6000 7000 8000 9000 10000

b)

7210 7220 7230 7240 7250 7260 7270 7280 7290 7300 7310 7320 7330

3 Wie heißt die Zahl in der Mitte?

a) 50 70

b) 80 90

c) 120 140

d) 50 100

e) 160 170

f) 200 300

g) 550 600

h) 700 750

4 Ordne die Zahlen zu.

408 415 430 441 458 472 487 503 512

400 410 420 430 440 450 460 470 480 490 500 510

5 Ordne die Zahlen zu.

a)

3710 3850 4060 4270 4440 4610 4820

3700 3800 3900 4000 4100 4200 4300 4400 4500 4600 4700 4800 4900

b)

5781 5801 5822 5836 5849 5865 5884 5900

5780 5790 5800 5810 5820 5830 5840 5850 5860 5870 5880 5890 5900

Zahlen runden

Runden auf Hunderter

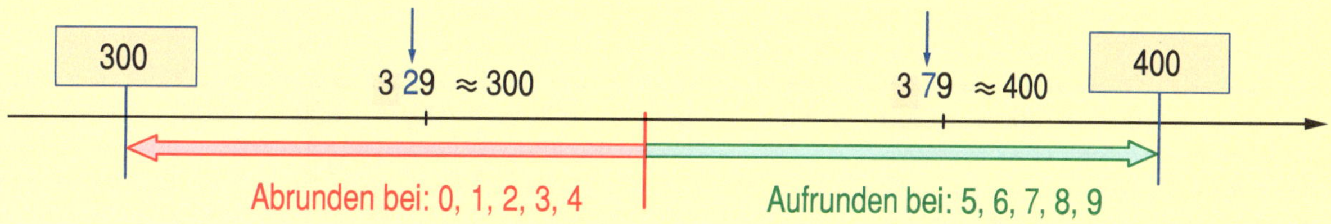

1 Trage die Nachbarhunderter ein und runde auf Hunderter.

a) [400] 468 [500]
468 ≈ ______

b) [ ] 241 [300]
241 ≈ ______

c) [ ] 334 [ ]
334 ≈ ______

d) [ ] 1 789 [ ]
1 789 ≈ ______

2 Runde auf Hunderter.

a)	b)	c)	d)
654 ≈ ______	706 ≈ ______	5 213 ≈ ______	5 499 ≈ ______
321 ≈ ______	982 ≈ ______	7 059 ≈ ______	9 972 ≈ ______
529 ≈ ______	250 ≈ ______	4 045 ≈ ______	77 ≈ ______

3 Trage die Nachbartausender ein und runde auf Tausender.

a) [3 000] 3 347 [ ]
3 347 ≈ ______

b) [ ] 5 748 [6 000]
5 748 ≈ ______

c) [ ] 7 671 [ ]
7 671 ≈ ______

d) [ ] 12 232 [ ]
12 232 ≈ ______

4 Runde auf Tausender.

a)	b)	c)	d)
4 266 ≈ ______	1 025 ≈ ______	5 555 ≈ ______	569 ≈ ______
2 215 ≈ ______	2 495 ≈ ______	2 169 ≈ ______	32 928 ≈ ______
3 823 ≈ ______	8 839 ≈ ______	5 478 ≈ ______	39 821 ≈ ______

5 Wo macht Runden keinen Sinn? Kreuze an.

Vermischte Übungen

1 Ergänze die fehlenden Angaben.

	T	H	Z	E	Zahl
	4	3	7	8	
					5 093
6 T + 4 H + 7 Z + 3 E					
8 T + 9 Z + 7 E					
	7	5	0	6	
					2 553

2 Trage die fehlenden Zahlen in die Tabelle ein.

a)

Vorgänger	Zahl	Nachfolger
	583	
4 295		
	3 099	
		6 180
7 498		

b)

Vorgänger	Zahl	Nachfolger
	5 279	
4 009		
		8 001
	4 440	
6 999		

3 Ordne die Zahlen. Beginne mit der kleinsten Zahl. Du erhältst ein Lösungswort.

a)

389	U	4 398	A
499	M	286	P

b)

8 550	W	8 555	E
8 055	L	8 505	Ö

c)

5 088	G	805	I
8 005	R	508	T
5 805	E		

4 Wie heißen die Zahlen?

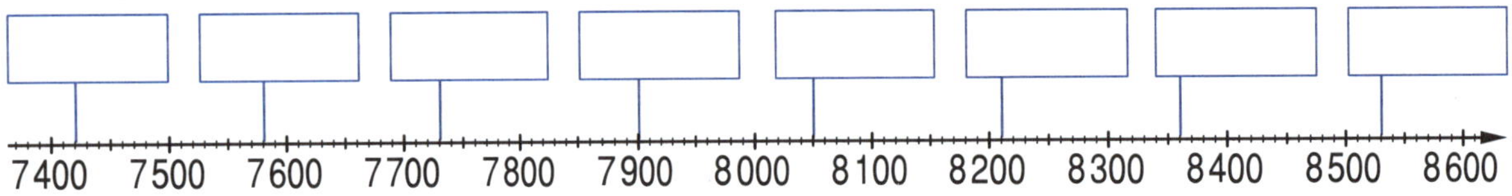

5 Runde auf Hunderter.

a) 754 ≈ ______ b) 985 ≈ ______ c) 7 354 ≈ ______ d) 2 222 ≈ ______

838 ≈ ______ 407 ≈ ______ 2 983 ≈ ______ 60 ≈ ______

6 Runde auf Tausender.

a) 3 719 ≈ ______ b) 3 056 ≈ ______ c) 3 333 ≈ ______ d) 875 ≈ ______

9 210 ≈ ______ 6 713 ≈ ______ 8 888 ≈ ______ 2 199 ≈ ______

2 Daten

1

Sportfest in der Bergschule. Das Säulendiagramm zeigt für Jungen und Mädchen der Klasse 5 die Verteilung der Urkunden.

a) Lies die Zahlen im Säulendiagramm ab. Trage sie in die Tabelle ein.

b) Vervollständige die Tabelle.

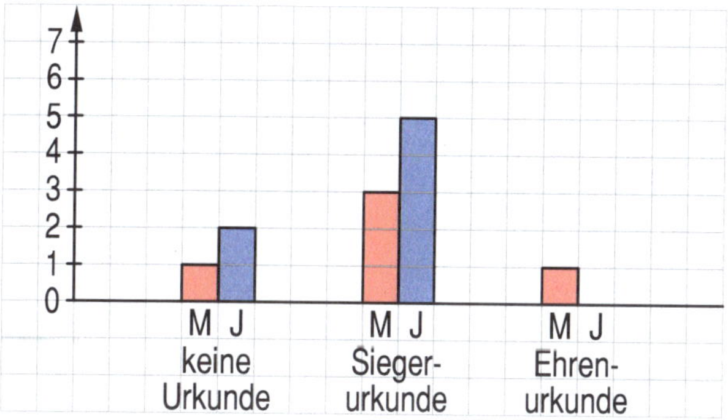

Urkunden in Klasse 5	Mädchen	Jungen	insgesamt
keine Urkunde			
Sieger-urkunde			
Ehren-urkunde			

2 a) Erstelle ein Säulendiagramm zur Tabelle für die Klasse 6.

b) Vervollständige die Tabelle.

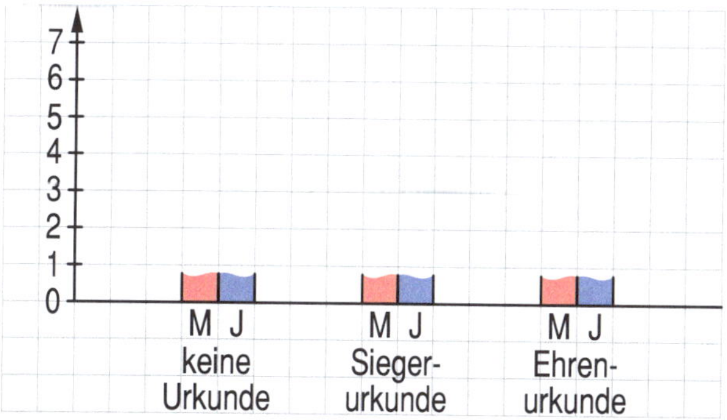

Urkunden in Klasse 6	Mädchen	Jungen	insgesamt
keine Urkunde	2	4	
Sieger-urkunde	3	1	
Ehren-urkunde	1	2	

3 Wie viele Mädchen und wie viele Jungen der Klasse 6 haben eine Urkunde erhalten?

A: ______________________________

Daten sammeln, ordnen und darstellen

1 Erstelle für jede Schule zu den Ergebnissen ein Säulendiagramm.

	Bergschule		Waldschule		Auschule		Seeschule	
Urkunden	Mädchen	Jungen	Mädchen	Jungen	Mädchen	Jungen	Mädchen	Jungen
keine Urkunde	10	5	0	5	5	10	5	10
Sieger-urkunde	25	30	15	10	25	35	40	15
Ehren-urkunde	15	20	35	25	15	20	25	40

Bergschule

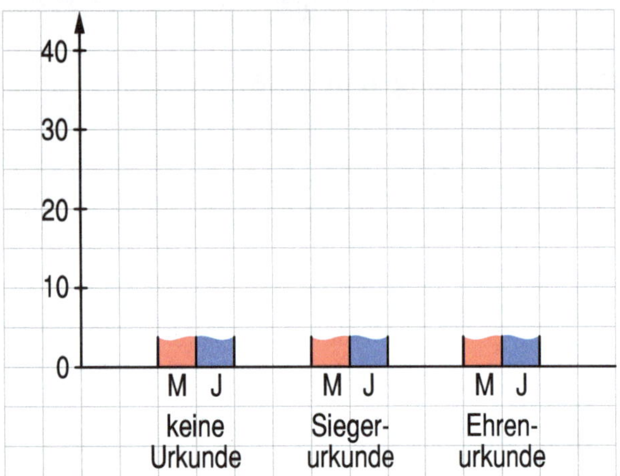

Waldschule

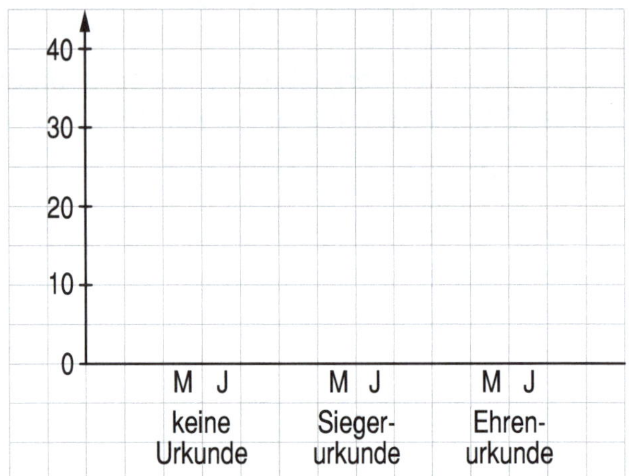

Auschule

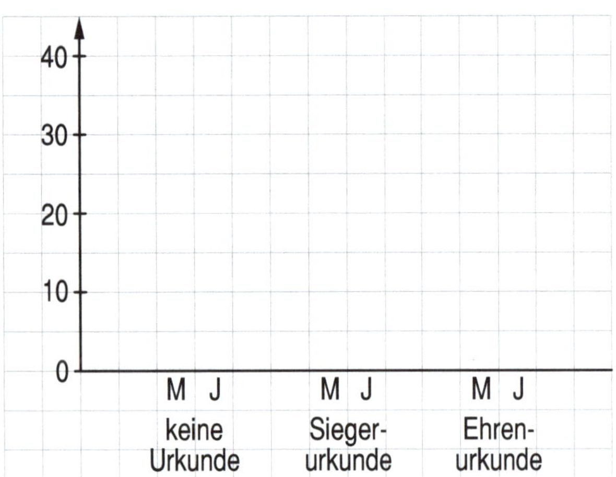

Seeschule

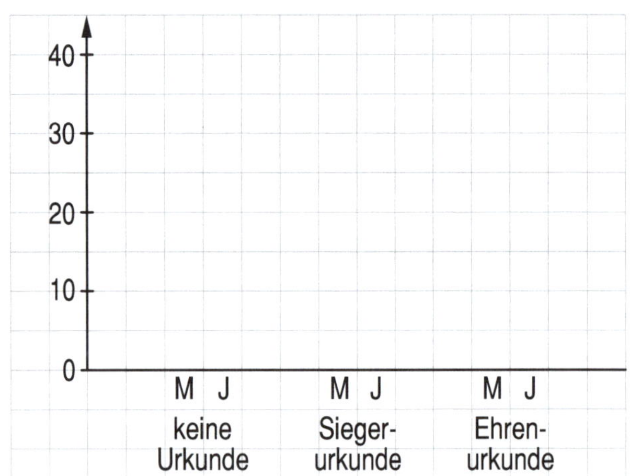

2 a) Wie viele Mädchen besuchen die Bergschule?

A: ______________________

b) Wie viele Mädchen und Jungen der Waldschule haben eine Ehrenurkunde erhalten?

A: ______________________

Ergebnisse einer Umfrage darstellen

Umfrage zur gesunden Ernährung in der Schule am Burgtor:
Frühstückst du, bevor du in die Schule gehst?
Antworten in Klasse 5: immer ~~||||~~ || manchmal ||| nie ||

Vor der Schule frühstücke ich	Klasse 5	Klasse 6	Klasse 7	Klasse 8	Klasse 9	Klasse 10
immer		6	5	5	3	2
manchmal		4	6	5	5	4
nie		2	3	3	5	6

1 Entnimm die Ergebnisse für Klasse 5 der Strichliste und trage sie in die Tabelle ein.

2 Für drei Klassen findest du hier fertige Diagramme. Ordne zu.

Klasse ______

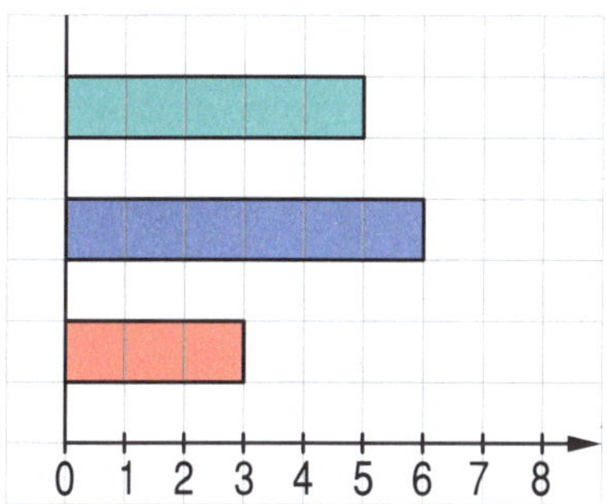

Klasse ______

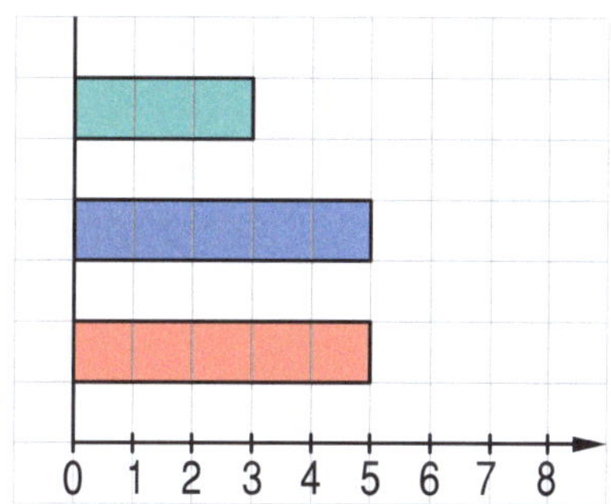

Klasse ______

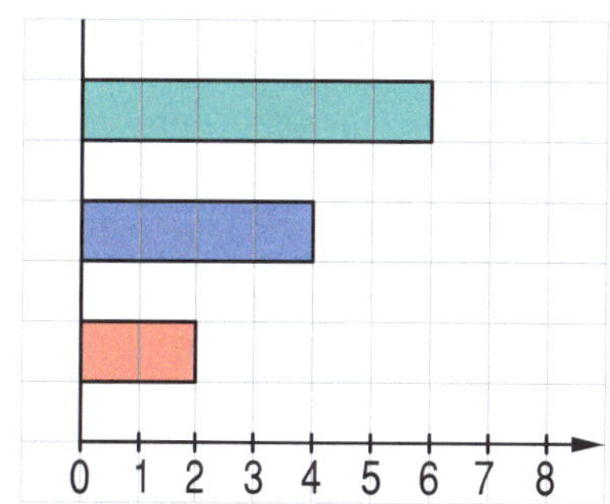

3 Erstelle Diagramme zu den Zahlen in der Tabelle in Aufgabe 1.

Klasse 5

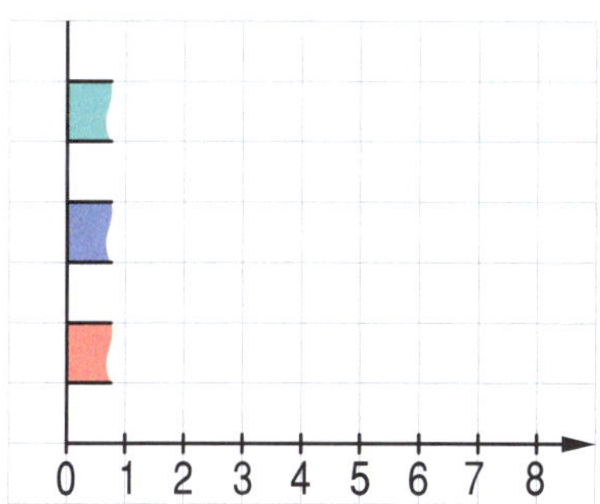

Klasse 8

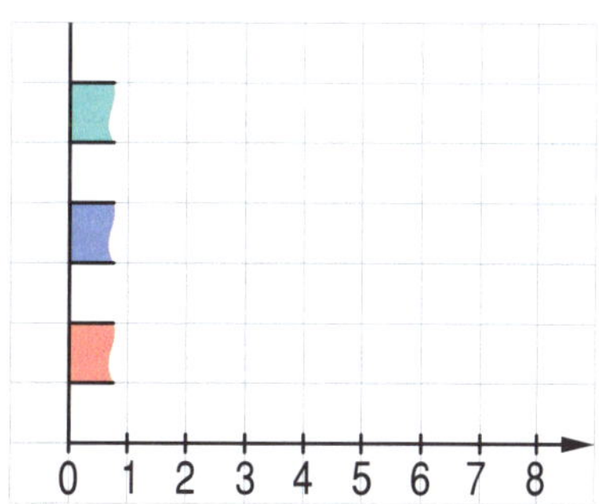

Klasse 10

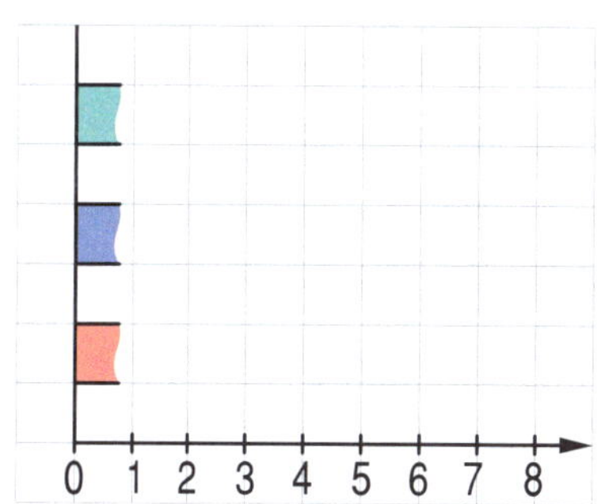

4 Jannik sagt: „Je älter die Schüler werden, desto seltener frühstücken sie vor der Schule.“
Hat Jannik Recht? Begründe deine Antwort.

______

______

______

Vermischte Übungen

Anton	Kea	Adele	Bernd	Moritz	Detlef
12 Jahre	11 Jahre	10 Jahre	12 Jahre	12 Jahre	10 Jahre
Fußball	Handball	Schwimmen	Fußball	Schwimmen	Fußball

1 6 Kinder aus der 5b gehen in den Sportverein.
a) Erstelle ein Balkendiagramm für die Verteilung auf die Sportarten.
b) Erstelle ein Balkendiagramm für das Alter.

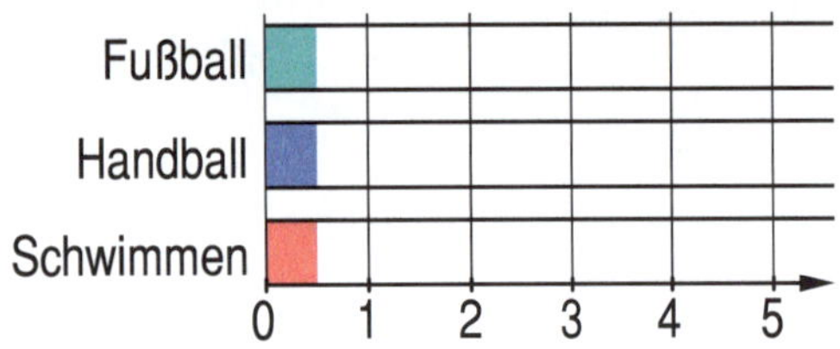

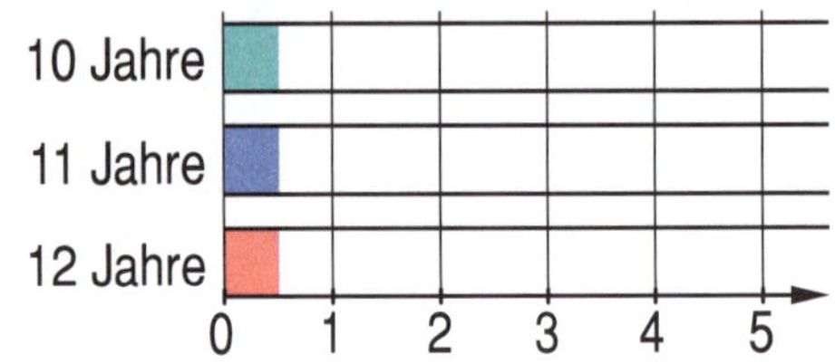

2 Kreuze an:

	stimmt	stimmt nicht	kann man nicht sagen
Die Hälfte der Kinder spielt Fußball.			
Die Hälfte der Jungen spielt Fußball.			
Schwimmen ist so beliebt wie Handball.			
Die meisten Kinder sind 11 Jahre alt.			
Moritz schwimmt schneller als Adele.			

3 Die Strichliste zeigt, wie viele Kinder jeweils in der Sportabteilung sind.
a) Entnimm die Daten der Strichliste und übertrage sie in die Tabelle.
b) Zeichne ein Balkendiagramm.

Strichliste

Fußball	卌 卌 卌 卌 IIII
Handball	卌 卌 卌 III
Schwimmen	卌 卌 IIII

Tabelle

Fußball	
Handball	
Schwimmen	

Diagramm

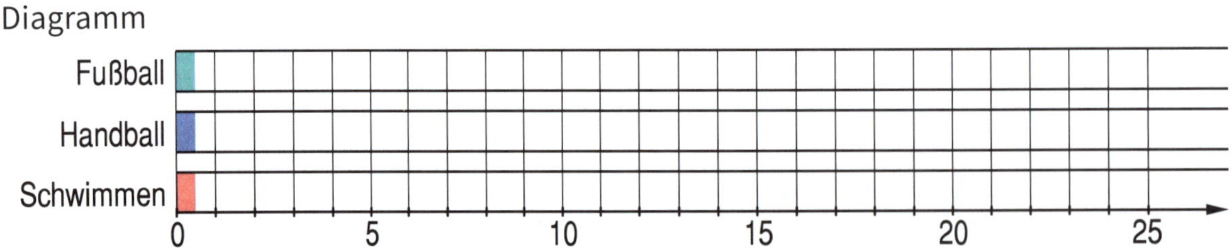

3 Addieren und Subtrahieren

1 Ordne zu.

2

a)	b)	c)	d)
30 + 40 = ___	64 + 10 = ___	50 + 60 = ___	120 + 70 = ___
60 + 20 = ___	22 + 30 = ___	70 + 50 = ___	280 + 10 = ___
40 + 60 = ___	53 + 20 = ___	30 + 90 = ___	460 + 30 = ___

3

a)	b)	c)	d)
70 – 30 = ___	480 – 60 = ___	200 – 80 = ___	88 – 21 = ___
60 – 20 = ___	260 – 50 = ___	500 – 70 = ___	71 – 30 = ___
40 – 10 = ___	390 – 50 = ___	600 – 50 = ___	46 – 15 = ___

4 Setze genau so fort.

a)	b)	c)	d)
5 + 2 = ___	4 + 4 = ___	6 – 3 = ___	7 – 1 = ___
50 + 20 = ___	40 + 40 = ___	60 – 30 = ___	70 – 10 = ___
500 + ___ = ___	400 + ___ = ___	600 – ___ = ___	700 – ___ = ___
___ + ___ = ___	___ + ___ = ___	___ – ___ = ___	___ – ___ = ___

5 Die Summe der Zahlen in zwei nebeneinander liegenden Steinen steht im Stein darüber.

a)

___			
___	___		
35	___	___	
20	15	10	5

b)

___			
___	___		
20	___	30	
___	12	23	___

c)

___			
64	___		
___	20	15	
___	12	___	___

6 Welche Zahl fehlt hier?

a)
30 + ___ = 90 ___
65 + ___ = 85 ___
21 + ___ = 71 ___
___ + 170 = 200 ___
___ + 560 = 600 ___
___ + 640 = 800 ___

20 E | 30 I | 40 E | 50 R | 60 F | 160 N

b)
90 – ___ = 20 ___
63 – ___ = 53 ___
85 – ___ = 5 ___
___ – 16 = 52 ___
___ – 36 = 33 ___
___ – 51 = 14 ___

10 R | 65 B | 68 A | 70 U | 69 U | 80 L

Addition und Subtraktion

Jan hat zwei Gewinnlose gezogen.

Jan rechnet:
340 + 190 =
340 + 100 = 440
440 + 90 = ___

Tom rechnet:
340 + 190 =
340 + 90 = 430
430 + 100 = ___

Julia rechnet:
340 + 190 =
340 + 200 = 540
540 − 10 = ___

Julia hat schon 530 Lospunkte gesammelt. Sie möchte den Teddy.

Jan rechnet:
530 − 180 =
530 − 100 = 430
430 − 80 = ___

Tom rechnet:
530 − 180 =
530 − 80 = 450
450 − 100 = ___

Julia rechnet:
530 − 180 =
530 − 200 = 330
330 + 20 = ___

1 a) Vervollständige die Rechenwege zur Berechnung der Gesamtpunkte für Jan.
b) Vervollständige die Rechenwege zur Berechnung der Restpunkte für Julia.

2 Führe alle Rechenwege fort. Welcher Weg gefällt dir am besten?

a) 260 + 270 =
260 + 200 = ___
460 + ___ = ___

b) 260 + 270 =
260 + 70 = ___
___ + ___ = ___

c) 260 + 270 =
260 + 300 = ___
___ − 30 = ___

3 a) 570 + 250 =
570 + 200 = ___
___ + ___ = ___

b) 570 + 250 =
570 + 50 = ___
___ + ___ = ___

c) 570 + 250 =
570 + 300 = ___
___ − 50 = ___

4 a) 630 + 190 =
630 + 100 = ___
___ + ___ = ___

b) 630 + 190 =
630 + 90 = ___
___ + ___ = ___

c) 630 + 190 =
630 + 200 = ___
___ − ___ = ___

5 a) 420 − 170 =
420 − 100 = ___
320 − ___ = ___

b) 420 − 170 =
420 − 70 = ___
350 − ___ = ___

c) 420 − 170 =
420 − 200 = ___
___ + 30 = ___

6 a) 640 − 290 =
640 − 200 = ___
440 − ___ = ___

b) 640 − 290 =
640 − 90 = ___
550 − ___ = ___

c) 640 − 290 =
640 − 300 = ___
___ + 10 = ___

Addition und Subtraktion

1 Von Waggon zu Waggon wird es schwieriger.

a) 200 + 300 = ___ | 200 + 320 = ___ | 200 + 325 = ___ | 210 + 325 = ___

b) 400 + 200 = ___ | 400 + 260 = ___ | 400 + 263 = ___ | 420 + 263 = ___

c) 600 – 200 = ___ | 650 – 200 = ___ | 652 – 200 = ___ | 652 – 210 = ___

d) 900 – 700 = ___ | 930 – 700 = ___ | 934 – 700 = ___ | 934 – 725 = ___

2 Verbinde mit dem richtigen Ergebnis.

a)

125 + 25	190
125 + 65	250
125 + 95	150
125 + 125	220

b)

380 – 180	305
380 – 90	290
380 – 75	150
380 – 230	200

c)

255 + 45	50
255 – 155	480
255 + 225	300
255 – 205	100

3 a)

+	20	35	60
150			
320			
560			

b)

+	110	320	230
200			
310			
190			

c)

–	60	110	220
260			
580			
600			

4

a) 235 + ___ = 295
562 + ___ = 582
376 + ___ = 396

b) ___ + 40 = 243
___ + 70 = 486
___ + 50 = 885

c) 436 – ___ = 416
759 – ___ = 729
572 – ___ = 552

d) ___ – 50 = 361
___ – 30 = 749
___ – 80 = 612

5

a)
_
_ _
_ _ _
110 20 50 10

b)
_
_ _
120 _ 150
_ 90 70 _

c)
_
_ _
120 200 _
85 _ _ 15

Rechnen mit Klammern

Die Klammer wird zuerst berechnet. Sind keine Klammern vorhanden, so rechnet man schrittweise von links nach rechts.

1 a) 24 – (4 + 15) = ______

= ______

24 – 4 + 15 = ______

= ______

b) 123 – (13 – 10) = ______

= ______

123 – 13 – 10 = ______

= ______

c) 37 – (10 – 2) = ______

= ______

37 – 10 – 2 = ______

= ______

d) 78 – (12 + 4) = ______

= ______

78 – 12 + 4 = ______

= ______

2 Rechne geschickt. Tim kauft das T-Shirt, die Kappe und die Strümpfe.

F: Wie viel Euro muss Tim bezahlen?

R: ______

A: ______

3 Entscheide dich für eine Rechnung.

a) 17 + 24 + 3 = ______ 17 + 3 + 24 = ______

b) 32 + 15 + 8 = ______ 32 + 8 + 15 = ______

c) 24 + 6 + 12 = ______ 24 + 12 + 6 = ______

d) 180 + 20 + 37 = ______ 180 + 37 + 20 = ______

Rechengesetze

1 Paula trägt Zeitungen aus. Sie spart für ein Fahrrad.
Lisa kennt viele Wege zum Ergebnis. Prüfe nach.

68 + 56 =

68 + 50 + 6 =

68 + 6 + 50 =

68 + 2 + 54 =

68 + 32 + 24 =

2 Schreibe mindestens drei Rechenwege auf. Rechne aus.

3 Ergänze.

a)

60	
51	
	44
3	

b)

100	
89	
	28
66	

c)

80	
	45
37	
	21

d)

120	
	108
95	
	77

4 Wer hat Fehler gemacht? Kreuze an und berichtige.

a) Bea ☺ ☹
20 – (2 + 3) = 15

b) Finn ☺ ☹
17 + 29 + 13 = 59

c) Lara ☺ ☹
25 – (10 – 5) = 10

d) Hendrik ☺ ☹
34 + 49 + 16 = 89

e) Elif ☺ ☹
39 – (20 + 4) = 15

f) Timo ☺ ☹
28 + (19 – 5) = 52

g) Sina ☺ ☹
64 – (17 – 4) = 43

h) Tonio ☺ ☹
67 – (20 + 3) = 50

Schriftliches Addieren ohne Übertrag

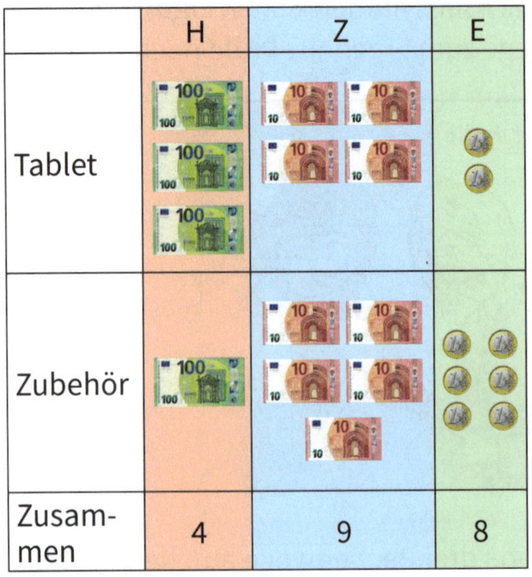

	H	Z	E
	3	4	2
+	1	5	6
	4	9	8

1 a)
```
  246
+ 312
-----
```
b)
```
  517
+ 202
-----
```
c)
```
  348
+ 531
-----
```
d)
```
  640
+ 139
-----
```
e)
```
  762
+ 136
-----
```

2 Schreibe richtig untereinander. Addiere. Du erhältst ein Lösungswort.

a) 578 + 211 = ______ ___
357 + 122 = ______ ___
604 + 71 = ______ ___
471 + 317 = ______ ___
405 + 72 = ______ ___

b) 162 + 32 = ______ ___
92 + 704 = ______ ___
856 + 130 = ______ ___
374 + 512 = ______ ___
737 + 61 = ______ ___

194	477	479	675	788	789	796	798	886	986
T	T	T	I	F	S	I	E	T	N

3 Ergänze die fehlenden Ziffern.

a)
```
  73_
+ 1_4
-----
  _66
```
b)
```
  3_4
+ _62
-----
  78_
```
c)
```
  _06
+ 67_
-----
  9_9
```
d)
```
  49_
+ _07
-----
  5_7
```
e)
```
  6_6
+ 3_
-----
  969
```

Schriftliches Addieren mit Übertrag

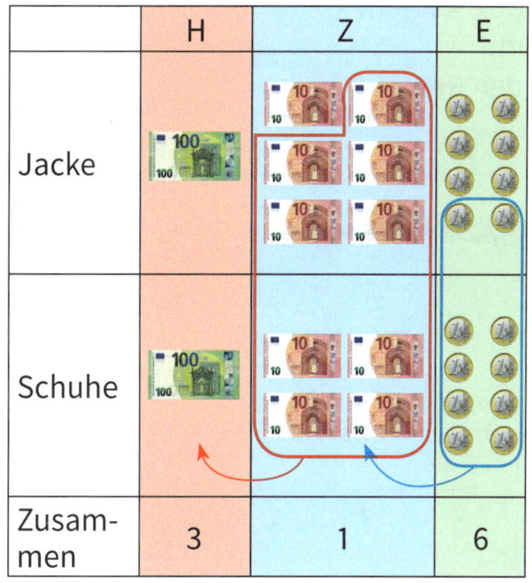

H	Z	E
1	6	8
+ 1	4	8
1	1	
3	1	6

1

a) 348 + 123

b) 675 + 143

c) 479 + 342

d) 706 + 96

e) 377 + 356

2 Addiere. Ordne die Ergebnisse den Buchstaben zu. Du erhältst ein Lösungswort.

a) 1346 + 3027

b) 2078 + 4251

c) 4217 + 3842

d) 5056 + 934

e) 4279 + 2562

f) 3599 + 2011

g) 8037 + 888

h) 5307 + 3712

i) 7984 + 1006

j) 3999 + 221

4220	4373	5610	5990	6329	6841	8059	8925	8990	9019
T	P	N	S	A	E	U	B	O	R

3 Bilde mindestens 4 Plusaufgaben.
Die Summe soll jeweils kleiner als 3000 sein.

Schriftliches Subtrahieren ohne Übertrag

Lea möchte die Gitarre kaufen.
Sie hat 125 € gespart.
Ihre Tante ergänzt den Rest.

257 €

	H	Z	E
	2	5	7
–	1	2	5
	1	3	2

5 + 2 = 7
2 +

	H	Z	E
Preis			
Lea hat			
Die Tante ergänzt			

1 Subtrahiere.

a) 576 – 352

b) 853 – 130

c) 783 – 731

d) 924 – 203

e) 648 – 243

2 Schreibe richtig untereinander. Subtrahiere. Du erhältst ein Lösungswort.

a)
678 – 342
357 – 106
766 – 524
492 – 81
806 – 805

b)
987 – 444
185 – 72
495 – 281
688 – 377
754 – 231

1	113	214	242	251	311	336	411	523	543
E	L	O	F	E	C	H	T	K	B

3 Ergänze die fehlenden Ziffern.

a) 85_ – 1_4 = _12

b) 5_4 – _22 = 34_

c) _09 – 10_ = 5_2

d) 64_ – _02 = 5_7

e) 8_2 – _3_ = 210

Schriftliches Subtrahieren mit Übertrag

Tim möchte die Trompete kaufen.
Er hat 128 € gespart.
Die Eltern ergänzen den Rest.

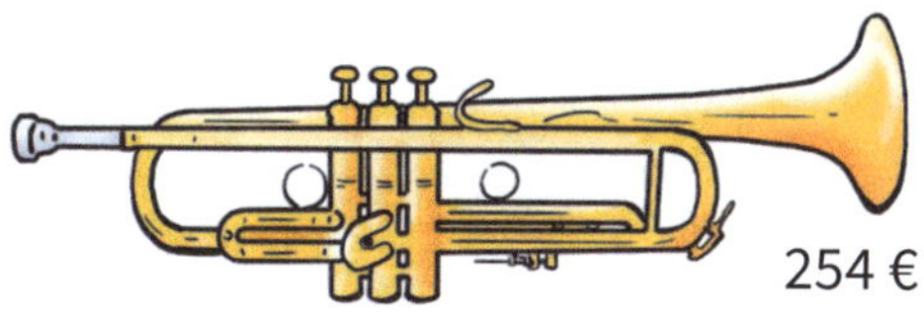

254 €

	H	Z	E
	2	5	4
−	1	2	8
		1	
	1	2	6

8 + 6 = 14
3 +

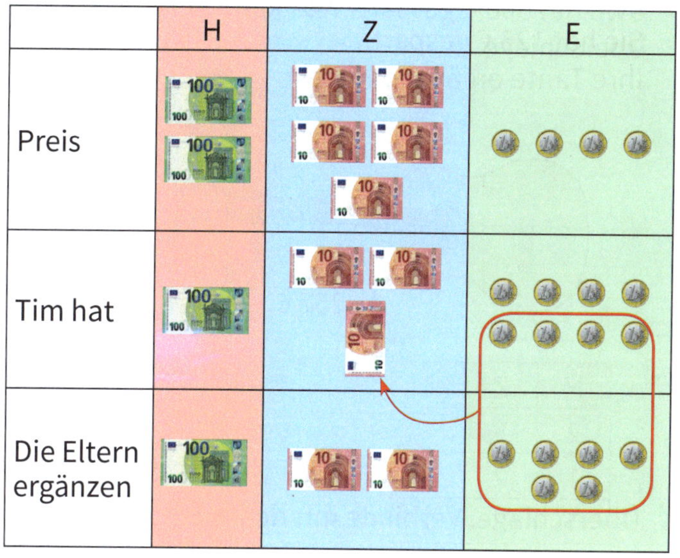

1 Subtrahiere. Denke an den Übertrag.

a) 562 − 248

b) 675 − 338

c) 479 − 186

d) 706 − 537

e) 377 − 108

2 Subtrahiere. Ordne die Ergebnisse den Buchstaben zu. Du erhältst ein Lösungswort.

a) 3421 − 1213

b) 8931 − 5751

c) 4732 − 1383

d) 6076 − 4123

e) 9324 − 3187

f) 5607 − 2343

g) 7435 − 654

h) 2310 − 1620

i) 8503 − 4531

j) 7001 − 992

690	1953	2208	3180	3264	3349	3972	6009	6137	6781
E	H	R	E	N	C	F	T	E	H

3 Bilde mindestens 4 Minusaufgaben. Führe zuerst eine Überschlagsrechnung durch.
Die Differenz soll jeweils kleiner als 5 000 sein.

Addieren und Subtrahieren

1 Uwe hat 500 € gespart. Was kann er dafür kaufen?
Überschlage.

2 Überschlage. Verbinde mit dem richtigen Ergebnis.

a) 391 + 521

872 | 912 | 892

b) 913 – 459

526 | 379 | 454

c) 873 + 421

1 454 | 1 294 | 1 154

d) 2 103 + 3 957

5 130 | 7 310 | 6 060

e) 8 789 – 2 699

6 090 | 5 120 | 7 140

f) 5 021 – 1 786

2 555 | 4 325 | 3 235

3 Bilde Plus- und Minusaufgaben. Das Ergebnis soll jeweils kleiner als 5 000 sein.
Findest du mehr als vier Möglichkeiten pro Sack?

a)

b)

c)

Sachaufgaben

1 a)

Frage: ______________________

Rechnung:

Antwort: ______________________

b)

Frage: ______________________

Rechnung:

Antwort: ______________________

2 Familie Lausch fährt in den Osterferien an die Nordsee. Vor der Pause fahren sie 278 km und nach der Pause noch 346 km.

F: ______________________

R: ______________________

A: ______________________

3

F: ______________________

R: ______________________

A: ______________________

Vermischte Übungen

1 Setze die Zahlen richtig ein.

a)

			10 000			
		☐		2 500		
	☐		☐		☐	
5 300		☐		☐		☐

6 000 ~~2 500~~ 200 7 500 ~~10 000~~
1 500 1 000 800 ~~5 300~~ 700

b)

			☐			
		☐		5 600		
	2 900		☐		☐	
☐		☐		500		☐

~~500~~ 2 700 9 200 4 400 700
3 600 200 4 900 ~~2 900~~ ~~5 600~~

c)

			☐			
		☐		☐		
	☐		☐		1 100	
☐		600		1 100		☐

~~600~~ 3 100 1 400 2 800 0
5 900 800 1 700 ~~1 100~~ ~~1 100~~

2

a) 2 105 + 4 287 = ____
b) 4 562 + 3 938 = ____
c) 7 539 + 1 024 = ____
d) 6 329 − 1 032 = ____
e) 8 031 − 4 381 = ____
f) 7 450 − 2 062 = ____

3

a) 4 _ 2 1 + 2 8 _ 3 = _ 9 4 _
b) _ 3 8 _ + 8 _ 1 5 = 9 9 _ 9
c) 6 3 _ 8 − _ 1 5 _ = 2 _ 2 1
d) 8 _ _ 4 − 3 4 0 _ = _ 3 5 3
e) 7 2 _ _ − 1 _ 3 6 = _ 4 7 8

4 Bilde jeweils drei Plus- oder Minusaufgaben. Das Ergebnis soll jeweils kleiner als 3 000 sein.

a)

b)

c)

4 Figuren im Koordinatensystem

1 Welches Feld ist abgebildet?

a) 

b) 

c) 

d) 

2 In welchem Feld befindet sich das Tier?

a) Affe 

b) Löwe 

c) Storch 

d) Robbe 

3 Welches Tier wollen die Besucher sehen?

a) B 5

b) D 6

c) G 1

d) A 6

Koordinatensystem

1 Bei einer Ausgrabung wurden die Ausrüstungsgegenstände eines Ritters gefunden.
Gib die Koordinaten der Fundorte an.

3 nach rechts und 4 nach oben. Der Helm befindet sich bei Punkt (3 | 4).

Helm: A (___ | ___)

Handschuh: B (___ | ___)

Dolch: C (___ | ___)

Axt: D (___ | ___)

Trinkbecher: E (___ | ___)

Krone: F (___ | ___)

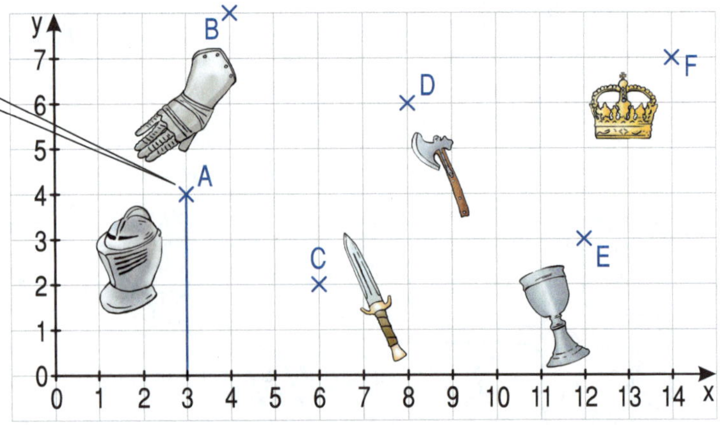

2 a) Auf einer Insel sind Schätze versteckt. Trage die Punkte A (3 | 5), B (6 | 6), C (8 | 2), D (6 | 9), E (9 | 7), F (1 | 7), G (7 | 9) und H (1 | 4) in die Karte ein.

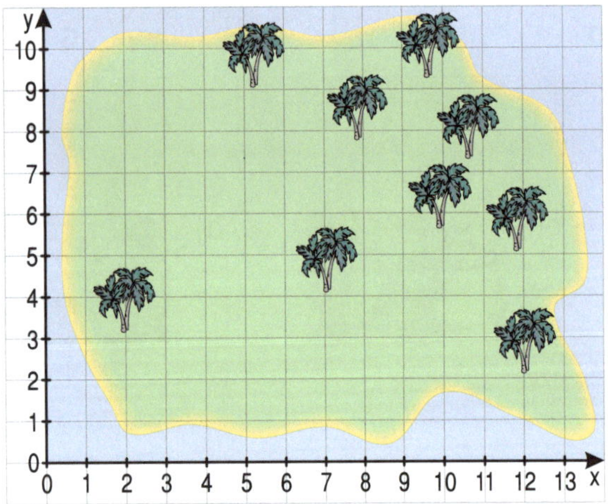

b) Ein Schiff segelt von Insel zu Insel. Trage die Punkte A (5 | 2), B (6 | 4), C (10 | 5), D (11 | 3), E (8 | 3), F (10 | 8), G (2 | 9) in die Karte ein und verbinde sie.

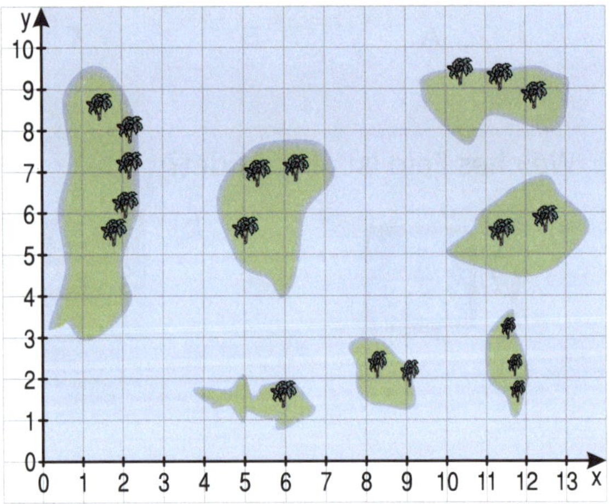

3 Trage die Punkte in das Koordinatensystem ein und verbinde sie in der angegebenen Reihenfolge.

a) A (1 | 4), B (4 | 1), C (11 | 1), D (13 | 4), E (8 | 4), F (8 | 10), G (12 | 5), H (6 | 5), I (8 | 8)

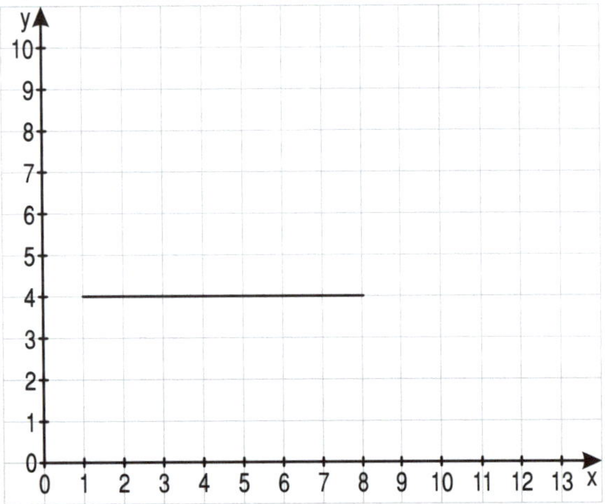

b) A (6 | 8), B (3 | 5), C (1 | 5), D (1 | 3), E (12 | 3), F (12 | 5), G (10 | 8)

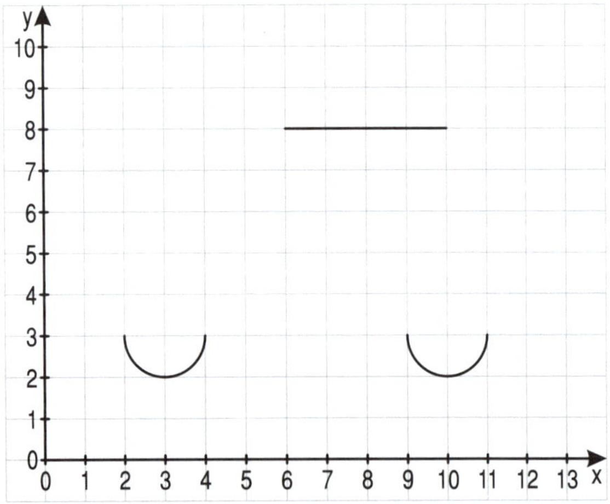

Gerade Linien – Strecke und Gerade

1 Was gehört zusammen? Färbe in der gleichen Farbe.

Gerade

…wird durch zwei Punkte begrenzt …

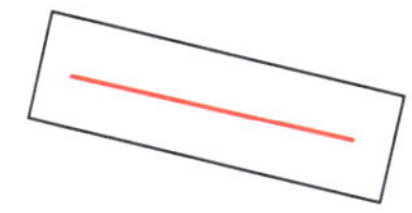

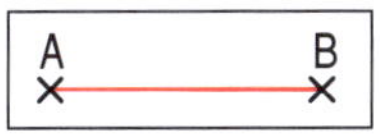

… gerade Linie ohne Anfangs- und Endpunkt …

Strecke

2 Strecke oder Gerade? Notiere den richtigen Begriff.

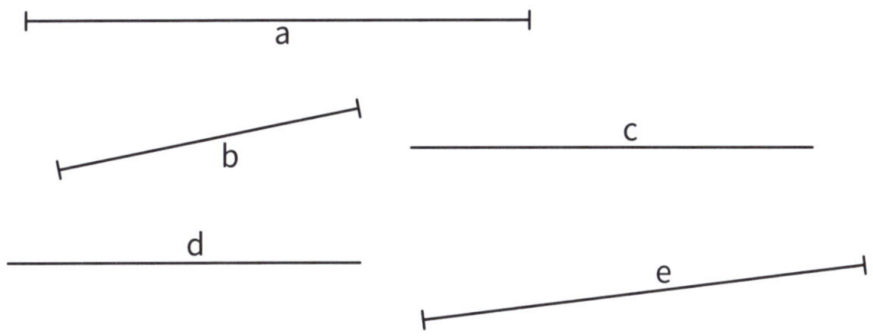

a) ____________________

b) ____________________

c) ____________________

d) ____________________

e) ____________________

3 a) Zeichne die Strecken $\overline{AB}$, $\overline{BD}$ und $\overline{CD}$. Miss die Länge der drei Strecken.

A× ×B

×C

D×

$\overline{AB}$ = __________ cm,

$\overline{BD}$ = __________ cm,

$\overline{CD}$ = __________ cm

b) Peter behauptet: „Zwischen 4 Punkten kann man 6 verschiedene Strecken einzeichnen“. Überprüfe, indem du alle fehlenden Strecken einzeichnest.

4 Zeichne das Muster mit dem Geodreieck weiter.

a)

b)

Senkrechte Geraden – rechte Winkel

1 Welche Linien sind zueinander senkrecht? Prüfe mit dem Geodreieck.
Färbe Linien, die zueinander senkrecht sind, in der gleichen Farbe.

a)

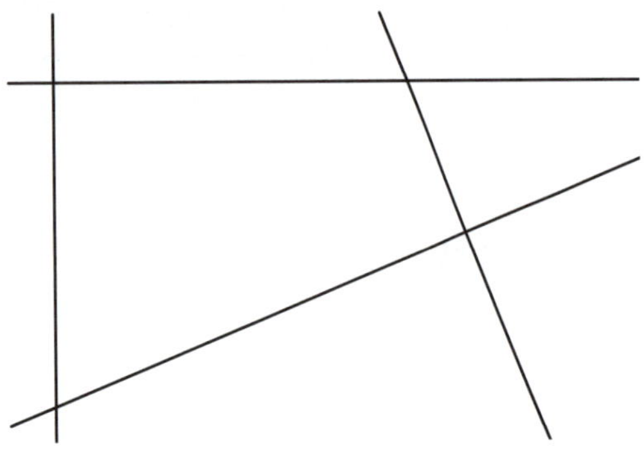

b)

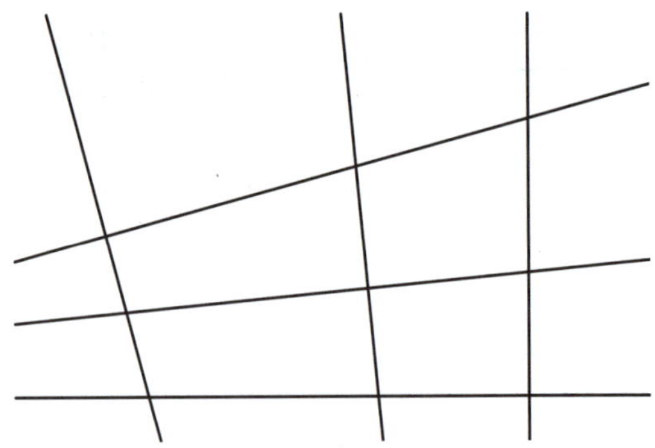

2 Kennzeichne rechte Winkel mit ∟. Wie viele rechte Winkel hat jede Figur?

a)

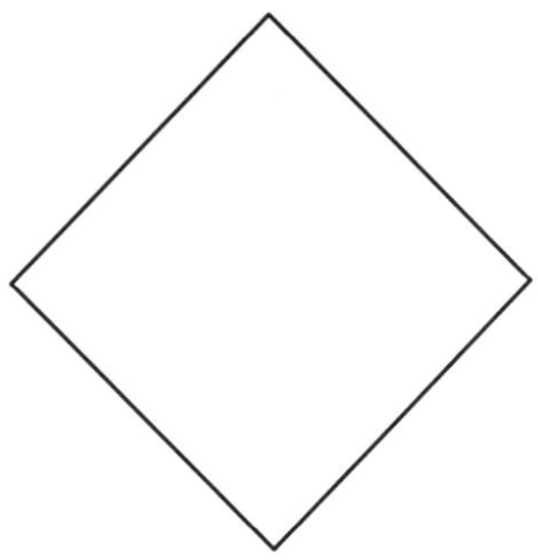

_____ rechte Winkel

b)

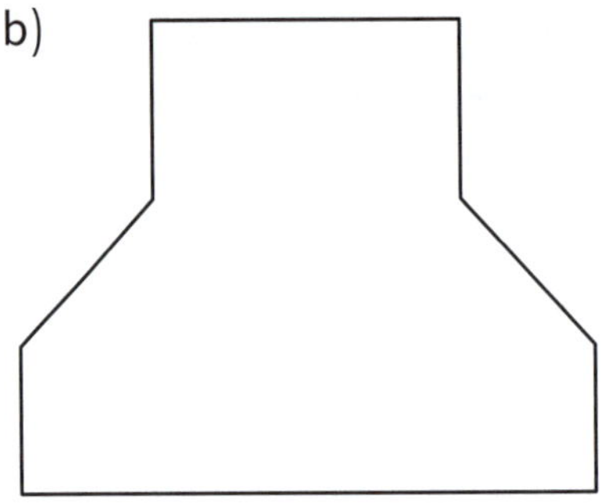

_____ rechte Winkel

c)

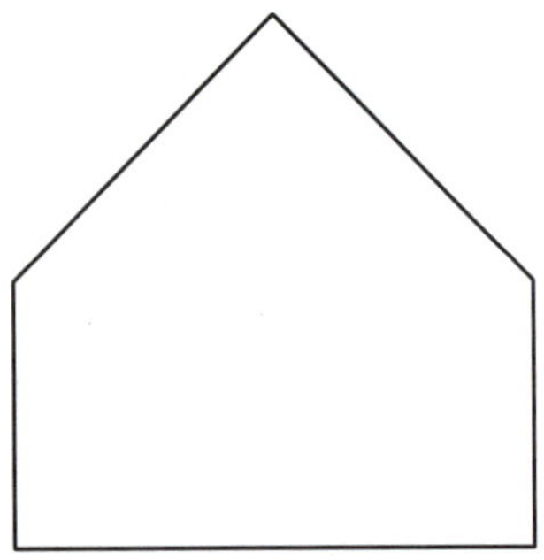

_____ rechte Winkel

3 Wenn Robin an eine Wand stößt, läuft er immer im rechten Winkel weiter.
Durch welchen Ausgang verlässt Robin den Raum?
Zeichne seinen Weg mit Geodreieck und Bleistift ein.

a)

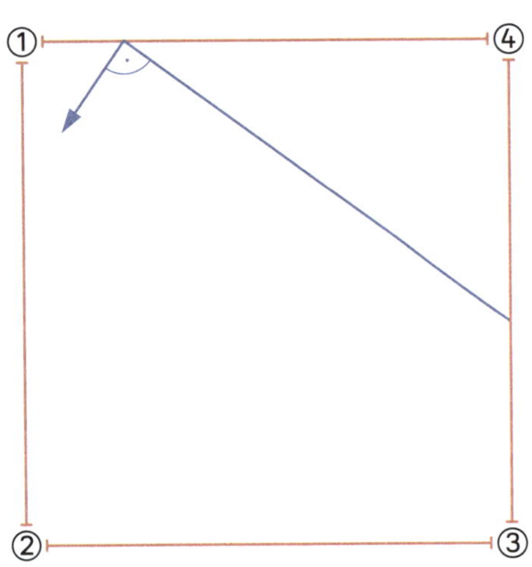

Robin nimmt Ausgang _____

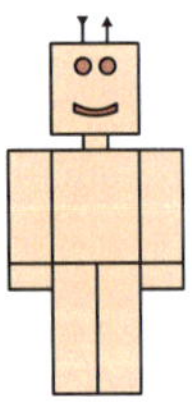

b)

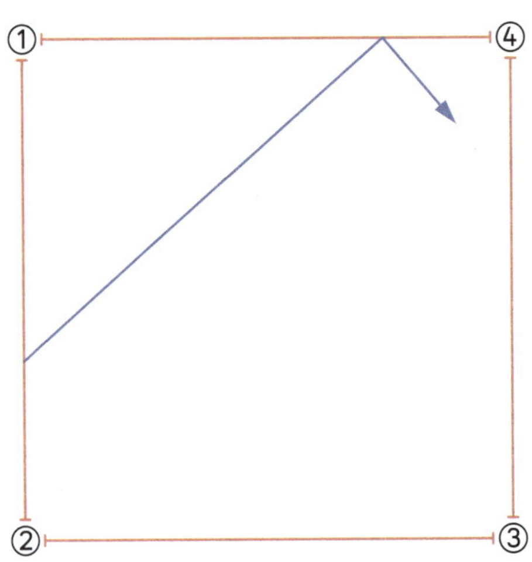

Robin nimmt Ausgang _____

Abstand

1 Welches ist die kürzeste Entfernung zum Tor?
Überprüfe durch Messen und färbe die kürzeste Strecke rot.

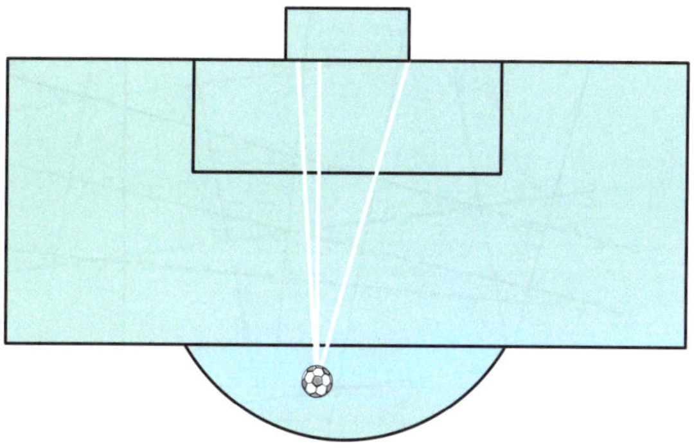

Der Abstand ist die kürzeste Entfernung zwischen einem Punkt (P) und einer Geraden (g).

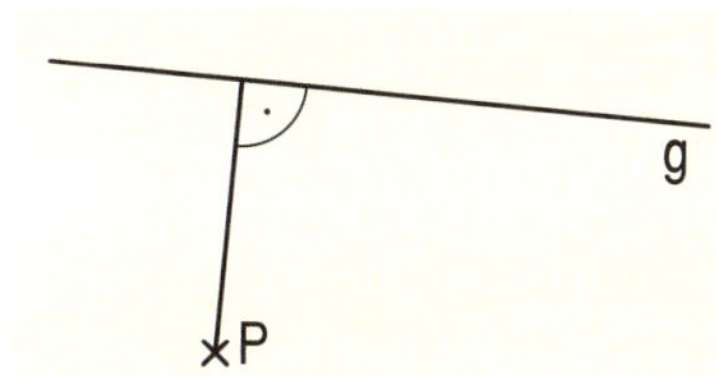

2 Zeichne mit dem Geodreieck die kürzeste Strecke zwischen Insel und Küste ein.

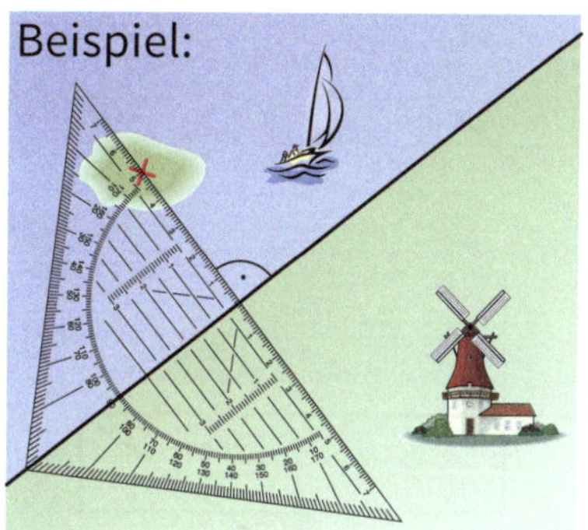

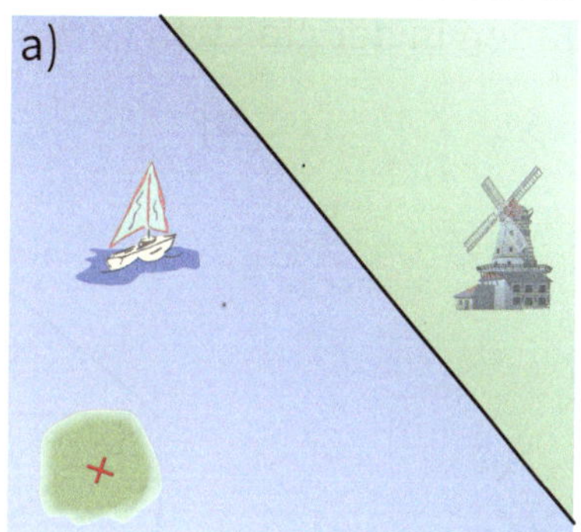

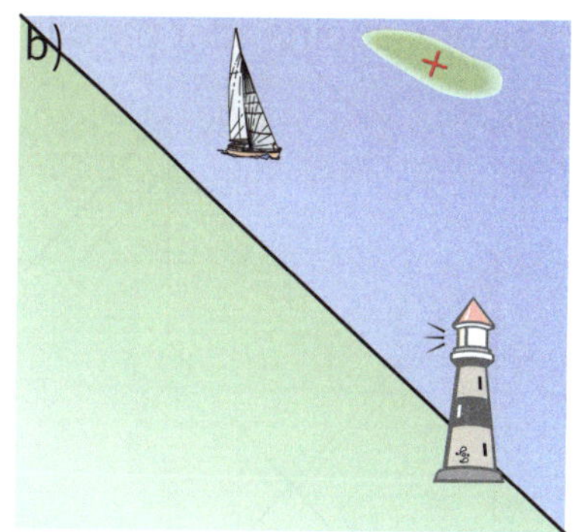

3 Zeichne die Senkrechten zur Geraden g durch die Punkte A, B, C, D und E.
Miss den Abstand des Punktes von der Geraden.

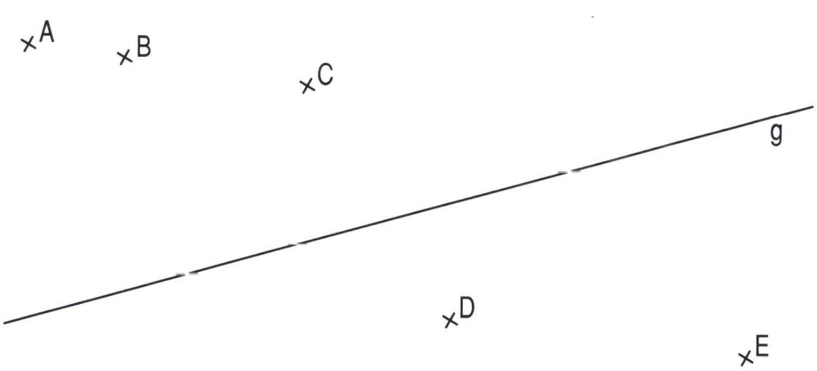

A ______

B ______

C ______

D ______

E ______

4 Trage den Punkt in das Koordinatensystem ein. Miss den Abstand des Punktes der Geraden.

a) P (10|8)

Abstand: ______

b) P (13|1)

Abstand: ______

Parallele Geraden

1 Welche Geraden sind parallel? Prüfe mit dem Geodreieck.
Färbe parallele Geraden in der gleichen Farbe.

a)

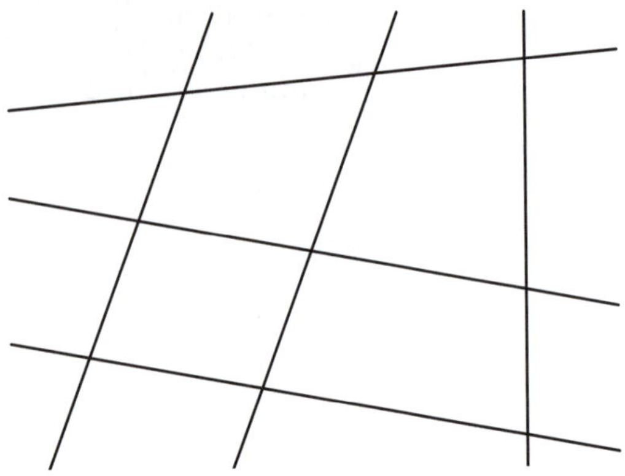

b)

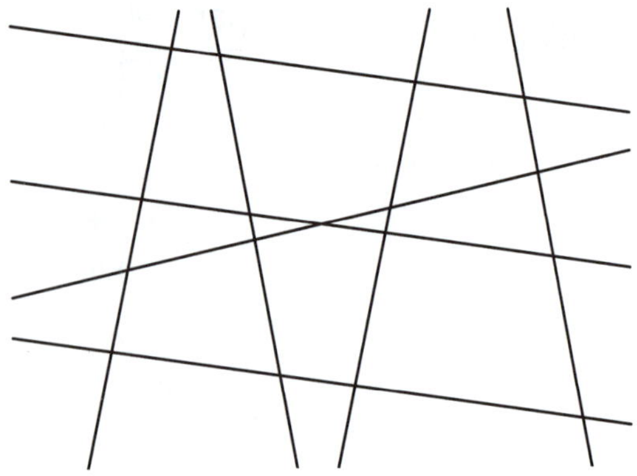

2 Zeichne zueinander parallele Geraden in der gleichen Farbe nach.

a)

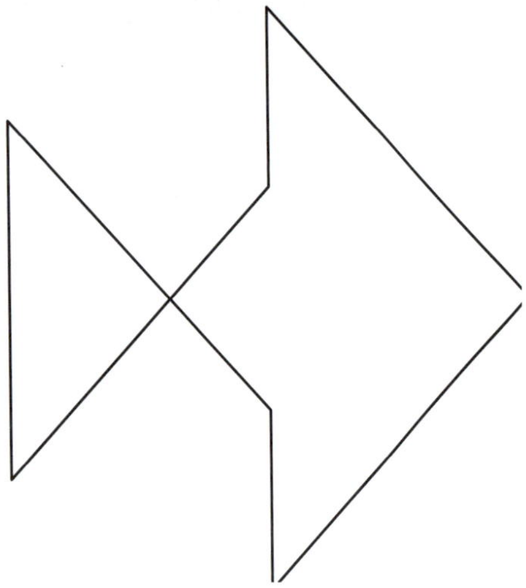

b)

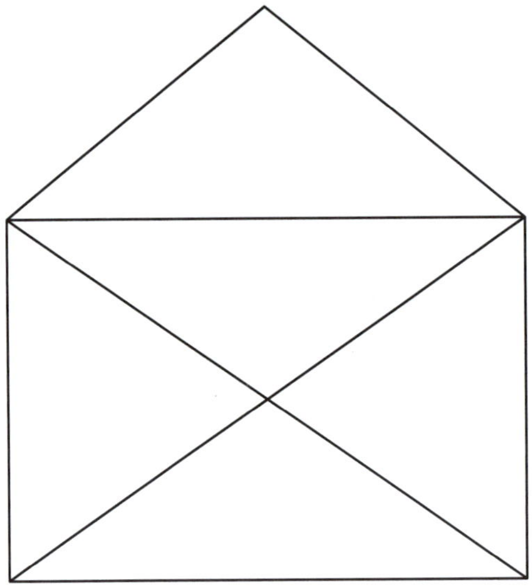

3 Zeichne zu jeder Geraden 5 parallele Geraden im Abstand von jeweils 1 cm.

a)

b)

Senkrecht und parallel

1 Was gehört zusammen? Färbe in der gleichen Farbe.

senkrecht

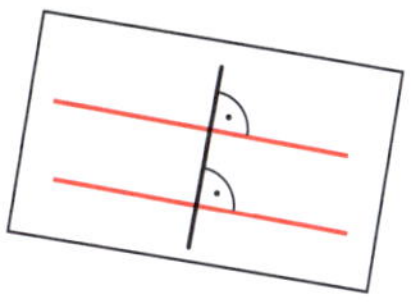

parallel

a || b

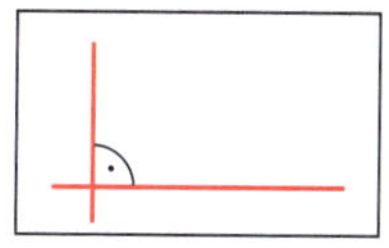

Geraden, die einen rechten Winkel bilden.

Geraden, die überall den gleichen Abstand haben.

a ⊥ b

2 Zeichne die Senkrechten zur Geraden g durch die Punkte A, B, C, D und E.

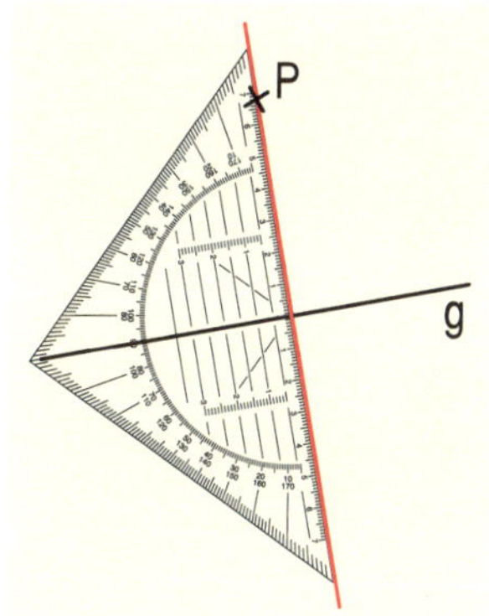

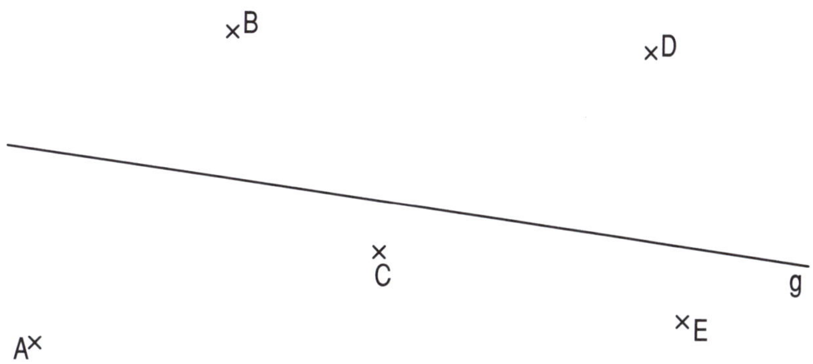

3 Zeichne die Parallelen zur Geraden g durch die Punkte A, B, C, D und E.

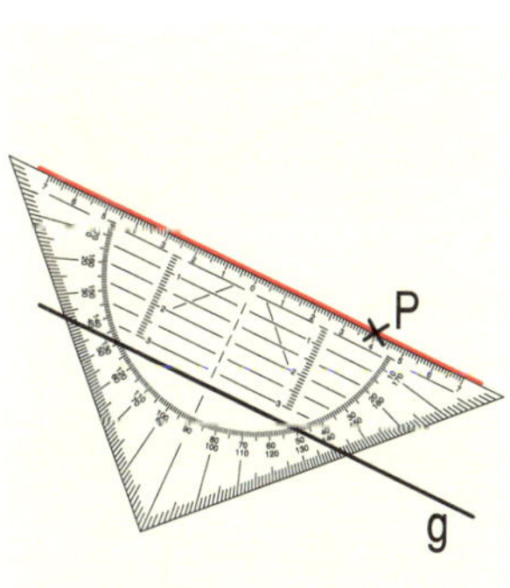

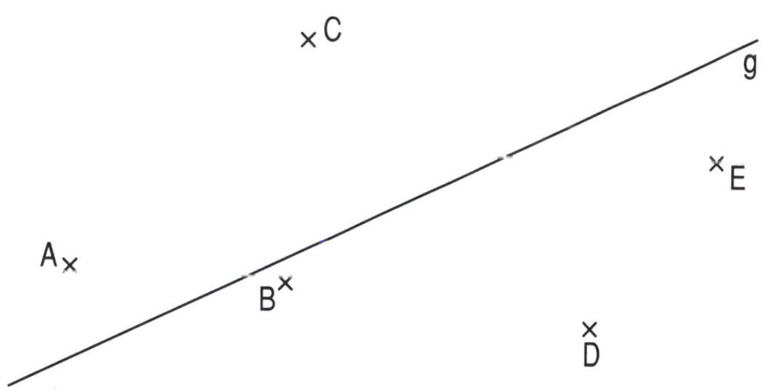

4 Parallel und senkrecht. Zeichne das Muster weiter.

a)

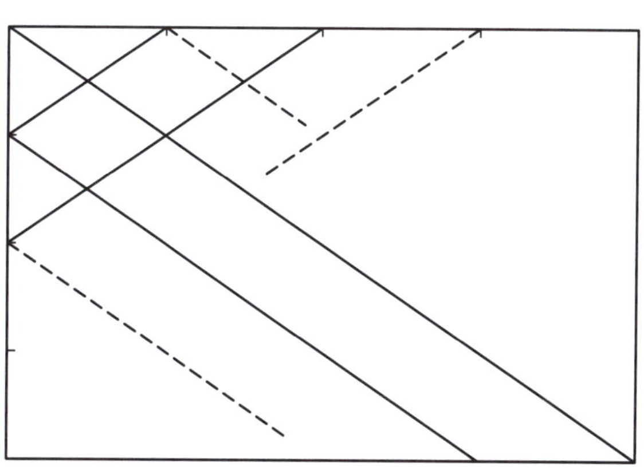

b)

Rechteck und Quadrat

1 Ist die Aussage wahr oder falsch? Kreuze an.

	wahr	falsch
Jedes Rechteck hat vier gleich lange Seiten.		
In jedem Rechteck sind die gegenüberliegenden Seiten parallel.		
Jedes Quadrat hat vier Ecken.		
Jedes Quadrat hat vier gleich lange Seiten.		
In jeder Ecke eines Quadrats sind die Seiten parallel zueinander.		
In jeder Ecke eines Rechtecks stehen die Seiten senkrecht zueinander.		
Jedes Rechteck ist auch ein Quadrat.		

2 Miss die Seitenlängen und ergänze mit dem Geodreieck zu einem Rechteck.

a)

b)

c)

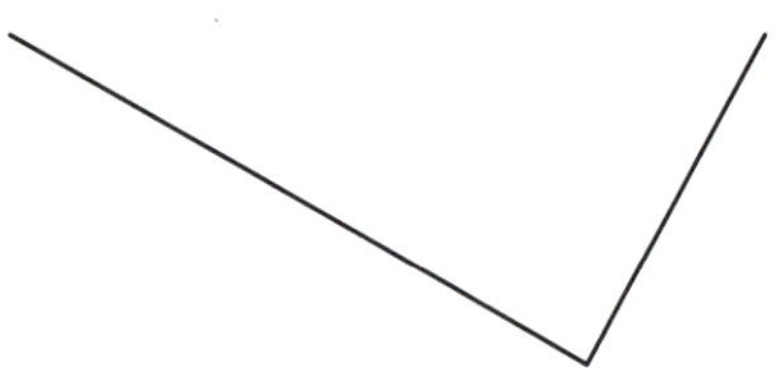

3 Zeichne die Punkte A, B und C in das Koordinatensystem ein. Ergänze zu einem Rechteck. Notiere die Koordinaten von Punkt D.

a) A(2|3), B(8|2), C(9|8), D(____|____)

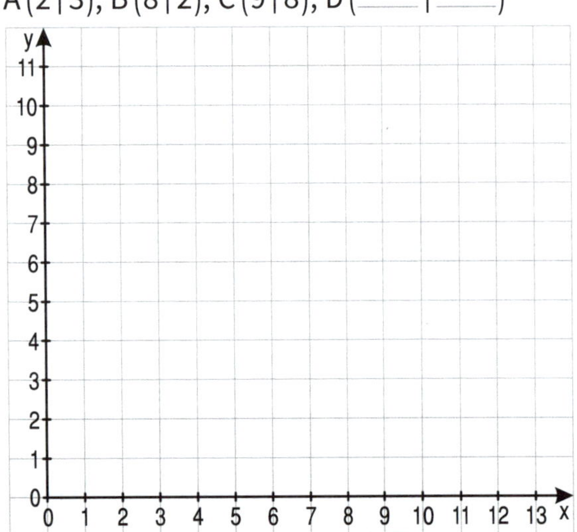

b) A(4|10), B(1|6), C(9|0), D(____|____)

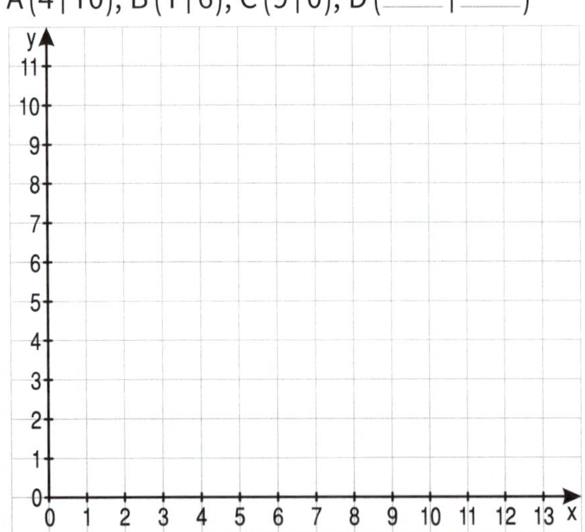

Vierecke

1 Quadrat, Rechteck, Parallelogramm, Trapez oder Drachen?
Schreibe unter jedes Bild den Namen des Vierecks.

2 Färbe die Figuren in den angegebenen Farben.
Rechteck: Parallelogramm: Drachen: Trapez:

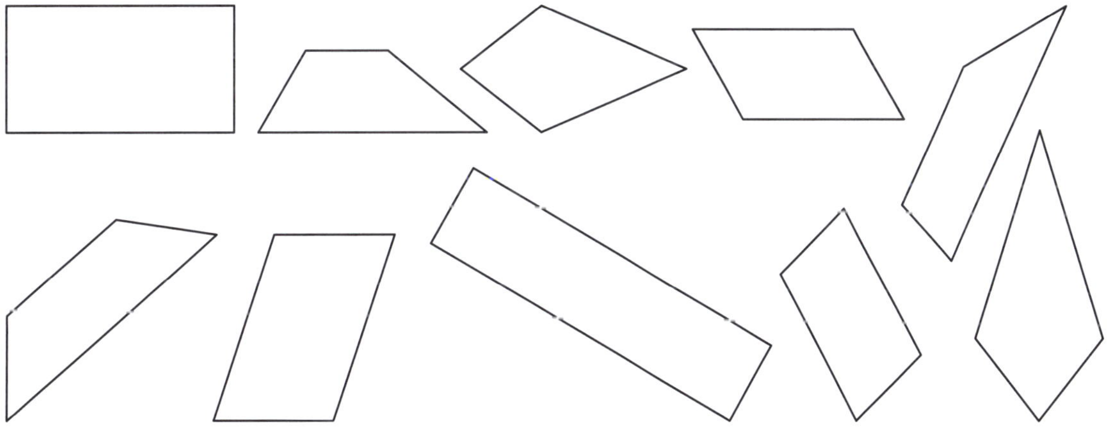

3 Wahr oder falsch? Kreuze an.

		wahr	falsch
a)	In jedem Trapez sind zwei Seiten parallel.		
b)	In jedem Quadrat sind alle Seiten gleich lang.		
c)	In jedem Rechteck sind alle Winkel gleich groß.		
d)	In jedem Parallelogramm sind alle Seiten gleich lang.		
e)	Jedes Quadrat ist ein Rechteck.		
f)	In jedem Parallelogramm sind die gegenüberliegenden Seiten parallel.		
g)	Jedes Trapez hat zwei gleich lange Seiten.		
h)	Jedes Parallelogramm hat einen rechten Winkel.		
i)	In jedem Trapez sind gegenüberliegende Winkel gleich groß.		

Vermischte Übungen

1 Trage die Punkte in das Koordinatensystem ein. Ergänze zu einem Parallelogramm. Notiere die Koordinaten von Punkt D. Was ist das Besondere an deinem Parallelogramm?

a) A(4|2), B(12|4), C(11|8), D(____|____)

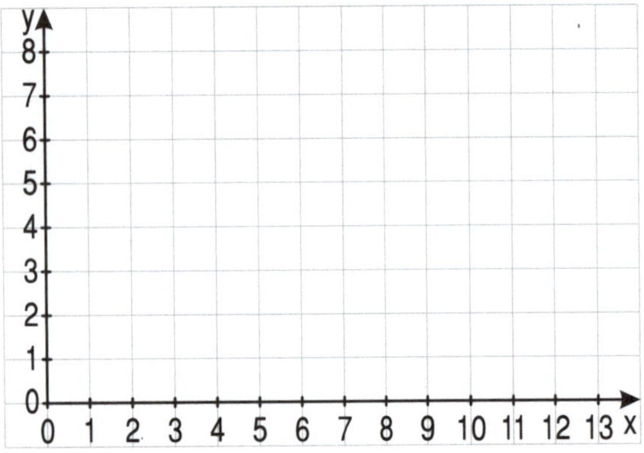

Das Viereck ist ein ______________.

b) A(3|1), B(7|3), C(5|7), D(____|____)

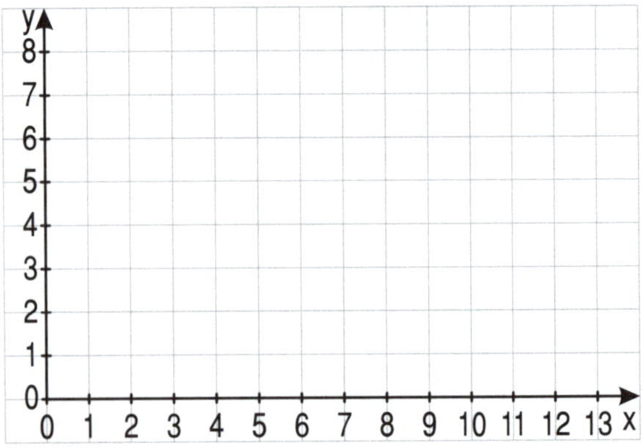

Das Viereck ist ein ______________.

2 Parallel und senkrecht. Setze die Muster fort.

a)

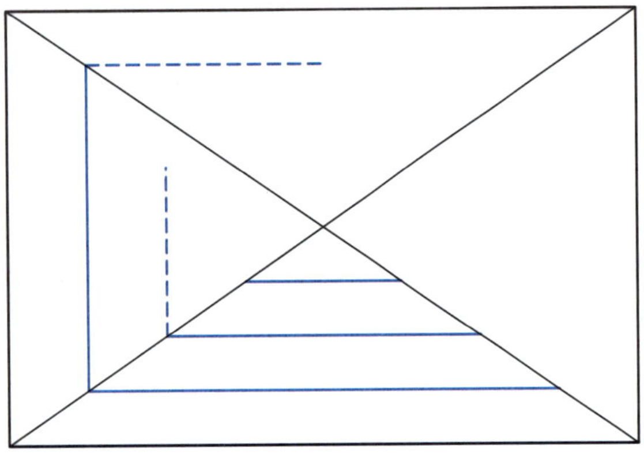

b)

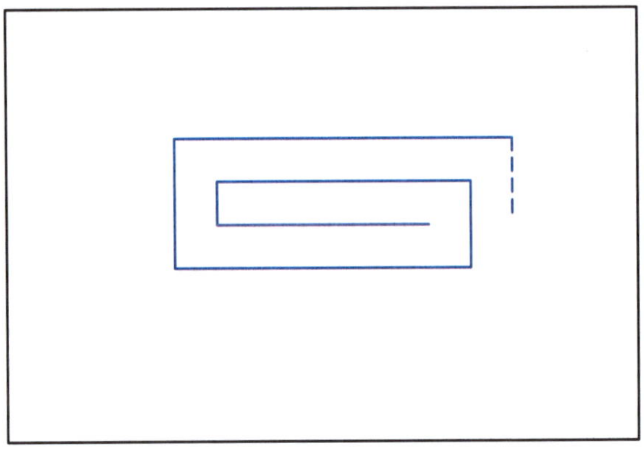

3 Wie weit sind die Kugeln vom roten Rand entfernt? Zeichne den Abstand ein und miss.

a)

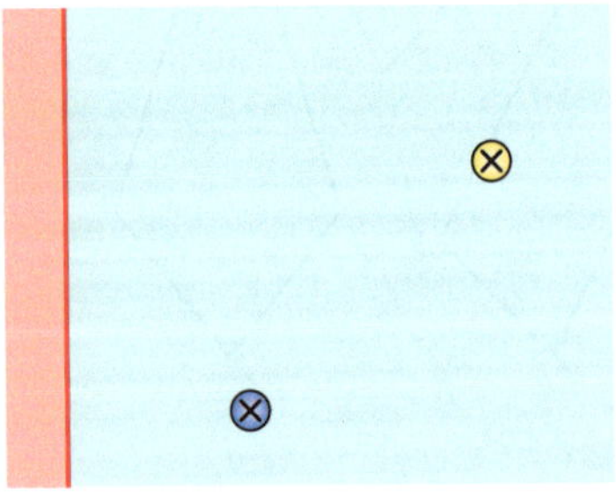

gelb: ______ blau: ______

b)

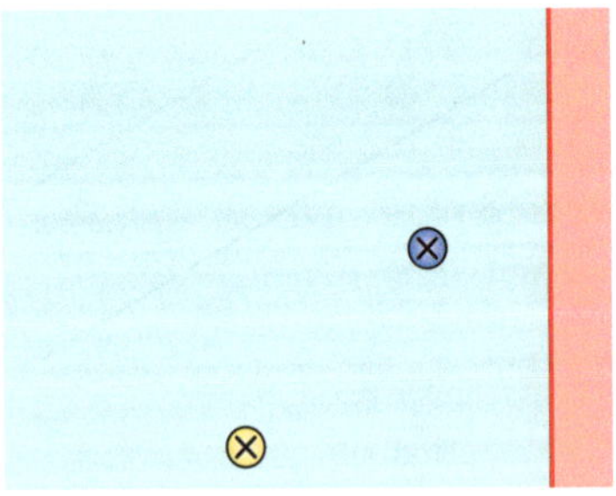

gelb: ______ blau: ______

c)

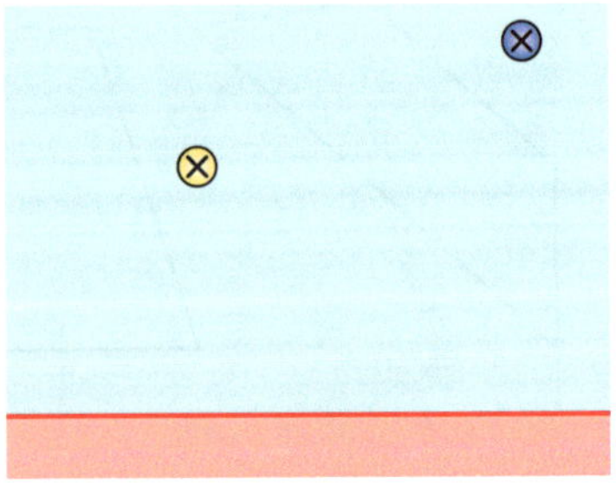

gelb: ______ blau: ______

4 Zeichne die Parallelen zur Geraden g durch die Punkte A, B, C und D.

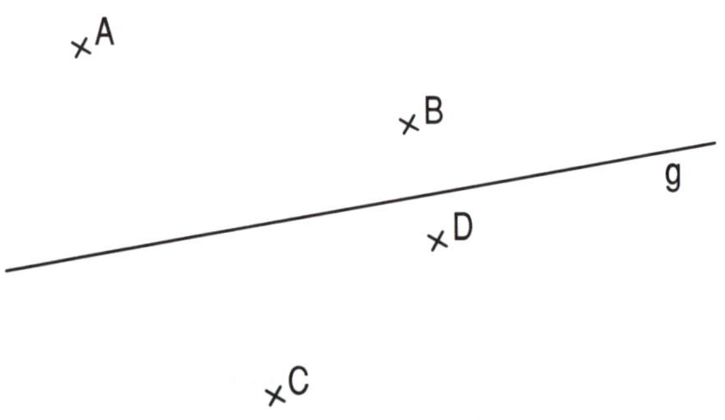

5 Multiplizieren und Dividieren

1 Berechne die Produkte. Trage die Buchstaben bei den Lösungszahlen ein.

a) 3 · 9 = ____ N   4 · 9 = ____ S
4 · 7 = ____ A   2 · 6 = ____ A
6 · 4 = ____ A   3 · 5 = ____ N

12	15	24	27	28	36

b) 8 · 5 = ____ L   6 · 8 = ____ E
7 · 6 = ____ O   9 · 5 = ____ N
4 · 4 = ____ M   3 · 7 = ____ E

16	21	40	42	45	48

2 Berechne die Quotienten.

a) 35 : 5 = ____ U   56 : 7 = ____ B
12 : 4 = ____ T   32 : 8 = ____ R
36 : 6 = ____ A   81 : 9 = ____ E

3	4	6	7	8	9

b) 45 : 9 = ____ R   24 : 4 = ____ A
28 : 4 = ____ N   63 : 7 = ____ E
48 : 6 = ____ G   18 : 9 = ____ O

2	5	6	7	8	9

3 Welche Zahl fehlt? Streiche die Zahl im Streifen durch. Eine Zahl bleibt übrig.

a) 3 · ____ – 27
____ · 5 = 40
7 · ____ = 42

b) ____ · 6 = 24
5 · ____ = 35
____ · 8 = 24

c) 35 : ____ = 7
____ : 6 = 5
16 : ____ = 8

d) ____ : 4 = 8
____ : 6 = 7
____ : 3 = 9

2	3	4	5	6	7	8	9	21	27	30	32	42

Kopfrechnen mit Zehnern und Hundertern

1 a) 3 · 2 = ___ b) 4 · 8 = ___ c) 5 · 6 = ___ d) 7 · 3 = ___

3 · 20 = ___ 4 · 80 = ___ 5 · 60 = ___ 7 · 30 = ___

3 · 200 = ___ 4 · 800 = ___ 5 · 600 = ___ 7 · 300 = ___

2 40 · 3 = ___ K 70 · 5 = ___ N 80 · 4 = ___ E 40 · 20 = ___ H

80 · 6 = ___ A 60 · 4 = ___ A 50 · 8 = ___ F 60 · 50 = ___ R

20 · 9 = ___ L 90 · 3 = ___ S 40 · 7 = ___ S 80 · 40 = ___ T

120	180	240	270	280	320	350	400	480	800	3000	3200

3 a)

·	30	50	70
5			
8			
7			

b)

·	40		80
6			
3		60	
9			

c)

·	200		500
3		1800	
	1800		
5			

4 a) 8 · ___ = 240 b) 90 · ___ = 360 c) 2 · ___ = 1800 d) ___ · 300 = 1200

___ · 60 = 240 ___ · 60 = 360 ___ · 9 = 1800 600 · ___ = 1200

3 · ___ = 240 40 · ___ = 360 600 · ___ = 1800 ___ · 3 = 1200

5 Rechne. Mache auch die Probe.

a) 150 : 5 = ___ b) 210 : 3 = ___ c) 160 : 4 = ___ d) 300 : 5 = ___

Probe: ___ Probe: ___ Probe: ___ Probe: ___

e) 270 : 9 = ___ f) 560 : 7 = ___ g) 420 : 6 = ___ h) 280 : 4 = ___

Probe: ___ Probe: ___ Probe: ___ Probe: ___

6 a) 160 : 20 = ___ b) 270 : 90 = ___ c) 150 : 30 = ___ d) 400 : 50 = ___

Probe: ___ Probe: ___ Probe: ___ Probe: ___

e) 640 : 80 = ___ f) 420 : 70 = ___ g) 360 : 60 = ___ h) 320 : 40 = ___

Probe: ___ Probe: ___ Probe: ___ Probe: ___

Multiplikation

1 Wie viel Euro müssen die Jugendlichen bezahlen?

a)

4 · 13 = ____
4 · 10 = 40
4 · 3 = 12

b)

3 · 13 = ____
3 · 10 = ____
____ = ____

c)

____ = ____
____ = ____
____ = ____

2

a) 2 · 24 = ____
2 · 20 = ____
2 · 4 = ____

b) 3 · 32 = ____
3 · 30 = ____
3 · 2 = ____

c) 4 · 31 = ____
4 · 30 = ____
4 · 1 = ____

d) 3 · 52 = ____
3 · 50 = ____
3 · 2 = ____

e) 5 · 36 = ____
5 · 30 = ____
5 · 6 = ____

f) 7 · 55 = ____

g) 6 · 44 = ____

h) 3 · 78 = ____

3

a)

·	21	33	62
3			
2			
4			

b)

·	42	54	75
3			
5			
2			

c)

·	38	62	81
2			
4			
5			

4

a) 4 · 120 = ____
4 · 100 = ____
4 · 20 = ____

b) 5 · 110 = ____

c) 3 · 230 = ____

d) 4 · 210 = ____

e) 4 · 150 = ____

f) 6 · 130 = ____

g) 5 · 140 = ____

h) 4 · 170 = ____

Verbindung der Grundrechenarten

1 Ordne die Rechenterme den Aufgaben zu.

Timo kauft für sich und für seine drei Freunde Kinokarten und je eine Tüte Popcorn.	Lara kauft drei Kinokarten und zwei Cola.	Leo kauft zwei Kinokarten, zwei Cola und zwei Tüten Popcorn.

$3 \cdot 6 + 2 \cdot 2$	$4 \cdot 6 + 4 \cdot 3$	$2 \cdot (6 + 2 + 3)$

2 Was in der Klammer steht, wird zuerst ausgerechnet.

a) $20 + 2 \cdot 3 =$ ______
$=$ ______
$(20 + 2) \cdot 3 =$ ______
$=$ ______

b) $3 \cdot (5 + 2) =$ ______
$=$ ______
$3 \cdot 5 + 2 =$ ______
$=$ ______

c) $5 \cdot (6 + 7) =$ ______
$=$ ______
$5 \cdot 6 + 7 =$ ______
$=$ ______

d) $12 - 8 : 2 =$ ______
$=$ ______
$(12 - 8) : 2 =$ ______
$=$ ______

e) $(14 - 2) \cdot 3 =$ ______
$=$ ______
$14 - 2 \cdot 3 =$ ______
$=$ ______

f) $(18 - 6) : 3 =$ ______
$=$ ______
$18 - 6 : 3 =$ ______
$=$ ______

3

F: Wie viel Geld ist noch übrig?

R: $5 \cdot 6 - 5 \cdot 4 =$

$30 -$ ______ $=$ ______

A: ______

4

F: Wie viel Euro muss jeder noch bezahlen?

R: ______

A: ______

______

Schriftliches Multiplizieren

Die Burgtor-Schule kauft 3 Streetball-Tore. Jedes Tor kostet 231 €.

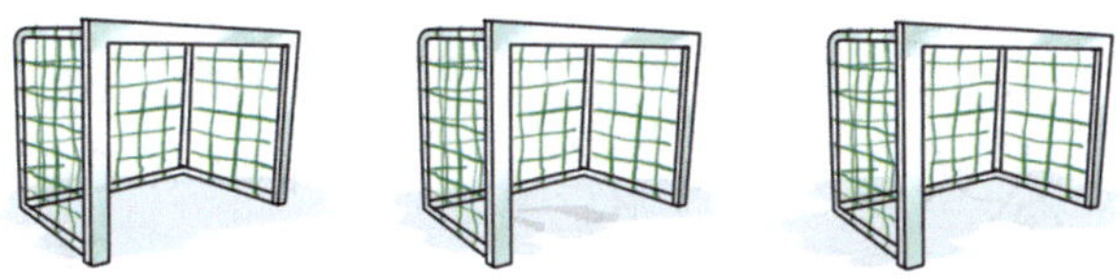

Also 3-mal

H	Z	E	
2	3	1	·3
		3	

$3 \cdot 1E = 3E$

→

H	Z	E	
2	3	1	·3
	9	3	

$3 \cdot 3Z = 9Z$

→

H	Z	E	
2	3	1	·3
6	9	3	

$3 \cdot 2H = 6H$

1 Rechne schriftlich.

a) 2 4 2 · 2 b) 3 3 4 · 2 c) 2 2 3 · 3 d) 1 3 2 · 3 e) 1 2 1 · 4

f) 3 0 4 · 2 g) 3 2 1 · 3 h) 2 2 0 · 4 i) 1 0 3 · 3 j) 4 0 4 · 2

2 Wie teuer sind die Anschaffungen?

a) 3 Tischtennisplatten b) 4 Bänke c) 2 Klettergerüste

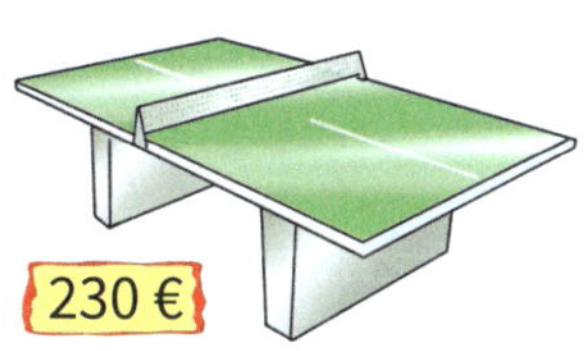

3 Ergänze die fehlenden Ziffern.

a) 2 __ 2 · 4 / 8 4 __

b) 4 __ 3 · 2 / __ 0 __

c) __ 1 __ · 3 / 9 3 6

d) 3 __ 3 · 2 / __ 8 6

4 Achte auf die Nullen.

a) 2 3 1 · 3 0 b) 1 2 1 · 4 0 c) 4 0 3 · 2 0 d) 2 1 3 · 3 0

e) 4 2 · 2 0 0 f) 3 1 · 2 0 0 g) 2 3 · 3 0 0 h) 1 2 · 4 0 0

Schriftliches Multiplizieren

H	Z	E	
2	1	3	· 4
		2	

$4 \cdot 3E = 12E$
$12E = 1Z\ 2E$

Schreibe 2
Merke 1

→

H	Z	E	
2	1	3	· 4
	5	2	

$4 \cdot 1Z = 4Z$
$4Z + 1Z = 5Z$

→

H	Z	E	
2	1	3	· 4
8	5	2	

$4 \cdot 2H = 8H$

1 Rechne schriftlich.

a) 4 2 6 · 2 b) 3 4 2 · 4 c) 5 2 4 · 3 d) 3 6 5 · 5 e) 4 5 1 · 4

f) 2 4 6 · 6 g) 3 1 7 · 7 h) 6 2 5 · 2 i) 2 8 6 · 6 j) 7 3 4 · 3

2 Berechne die Einnahmen im Fahrradladen.

a) 6 Helme

b) 7 Schlösser

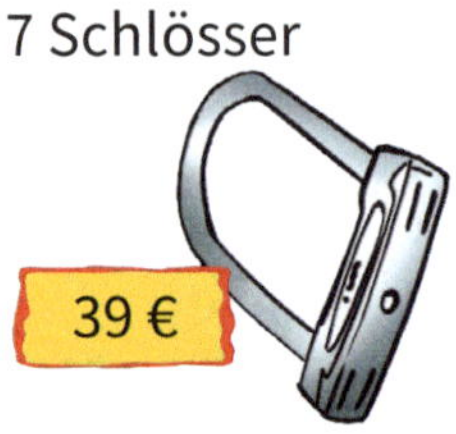

c) 5 Fahrräder

d) 4 Mountainbikes

3 Nicht alle Aufgaben wurden richtig gerechnet. Berichtige.

a) 242 · 3 = 626 b) 104 · 3 = 312 c) 220 · 4 = 88 d) 235 · 3 = 695 e) 452 · 5 = 2260

4 Im Kopf oder schriftlich?

Im Kopf: 3 0 0 · 3 =

~~300 · 3~~ 20 · 40
~~395 · 3~~ 473 · 2
13 · 30 521 · 4
468 · 3 320 · 3
230 · 3 623 · 2

schriftlich: 3 9 5 · 3

Schriftliches Multiplizieren

3	1	2	·	2	3
		6	2	4	

Mit den Zehnern multiplizieren →

3	1	2	·	2	3
		6	2	4	
			9	3	6

Mit den Einern multiplizieren →

3	1	2	·	2	3
		6	2	4	
			9	3	6
		1			
		7	1	7	6

Addieren

1 a) 531 · 24 b) 385 · 35 c) 427 · 41 d) 814 · 16

2 Was gehört zusammen? Färbe jeweils mit der gleichen Farbe.

Aufgabe	Überschlag	Überschlags-ergebnis	genaues Ergebnis
437 · 66	500 · 20	6 000	6 656
208 · 32	400 · 70	10 000	28 842
396 · 19	200 · 30	28 000	7 524
516 · 24	400 · 20	8 000	12 384

3 Mache zuerst einen Überschlag. Dann rechne genau.

a) 423 · 32 Überschlag: ______ b) 637 · 28 Überschlag: ______ c) 583 · 43 Überschlag: ______ d) 803 · 19 Überschlag: ______

4 Das Produkt soll kleiner als 3 000 sein. Rechne zwei Aufgaben.

a)

Aufgabe: ______

Aufgabe: ______

b)

Aufgabe: ______

Aufgabe: ______

Schriftliches Dividieren

```
2082 : 3 = 6        2082 : 3 = 69        2082 : 3 = 694
18                  18                   18
 2    6 · 3 = 18     28                   28
                     27                   27
                      1   9 · 3 = 27       12
                                           12
                                            0   4 · 3 = 12

Probe
694 · 3
 2082
```

1 Bei diesen Aufgaben bleibt ein Rest.

a) 34 : 4 = ___ R ___   b) 42 : 5 = ___ R ___   c) 19 : 6 = ___ R ___   d) 50 : 7 = ___ R ___

23 : 7 = ___ R ___   38 : 6 = ___ R ___   46 : 8 = ___ R ___   32 : 3 = ___ R ___

2 Dividiere schriftlich.

a) 75 : 3 =   b) 96 : 4 =   c) 84 : 7 =   d) 78 : 6 =

3

a) 846 : 2 =   b) 7435 : 5 =   c) 8631 : 3 =

d) 645 : 5 =   e) 9448 : 4 =   f) 7863 : 3 =

g) 543 : 3 =   h) 9352 : 2 =   i) 7482 : 6 =

Schriftliches Dividieren

1 Vorsicht bei Nullen.

a) 960 : 8 =

b) 1680 : 7 =

```
960 : 8 = 120
8
16         Probe:
16         120 · 8
 00            960
  0
  0
```

c) 1008 : 9 =

d) 5418 : 6 =

e) 4028 : 2 =

2

a) 1000 : 8 =

b) 1000 : 4 =

c) 100 : 4 =

d) 500 : 4 =

e) 3000 : 4 =

f) 6000 : 8 =

3 Bei diesen Aufgaben bleibt ein Rest.

a) 754 : 4 = R

b) 431 : 5 = R

```
463 : 2 = 231 R 1
4
06
 6
 03        Probe:
  2        231 · 2
  1          462

             462
           +   1
             463
```

Schriftliches Dividieren mit und ohne Rest

1 Bei einigen Aufgaben bleibt ein Rest.

a) 1342 : 8 =

b) 3071 : 4 =

c) 5065 : 5 =

d) 2873 : 3 =

2 Was gehört zusammen? Färbe jeweils mit der gleichen Farbe.

Aufgabe	Überschlag	Überschlags-ergebnis	genaues Ergebnis
915 : 3	500 : 5	400	203
798 : 2	3 000 : 6	300	493
535 : 5	900 : 3	100	399
1 421 : 7	800 : 2	200	305
2 958 : 6	1 400 : 7	500	107

3 Im Kopf oder schriftlich? Trage die Ergebnisse ein.

4 200 : 6 = ______ 2 187 : 9 = ______ 5 216 : 4 = ______

395 : 5 = ______ 240 : 3 = ______ 3 060 : 6 = ______

Sachaufgaben

1 Wie viele Kisten können insgesamt geladen werden?

Antwort:

2 Für einen gemeinsamen Urlaub mieten 6 Freunde eine Hütte.
Sie kostet für alle zusammen 312 €. Für Verpflegung zahlt jeder 35 €.
Welche Fragen kannst du beantworten?

a) Wie viel Euro zahlt jeder für die Hütte?

Antwort:

b) Wie viel zahlen alle zusammen für die Verpflegung?

Antwort:

c) Wie lange dauert der Urlaub?

Antwort:

d) Wie teuer ist der Urlaub für jeden der 6 Freunde?

Antwort:

3 Eine Schule richtet den PC-Raum neu ein. Es werden zwei Angebote eingeholt.
a) Welches Angebot ist günstiger?
b) Die Schule wählt das günstige Angebot. Wie viel Euro kosten 7 Computer-Arbeitsplätze?

Antwort:

Sachrechnen mit Geld

Ananas	Stück	1,99 €
Kokosnuss	Stück	90 Cent
Mango	Stück	1,50 €
Apfelsine	Stück	50 Cent

Heidelbeeren	Schale	1,70 €
Erdbeeren	Schale	1,50 €
Kiwi	Schale	1,40 €

Äpfel	1 kg	1,49 €
Birnen	1 kg	1,70 €
Bananen	1 kg	1,30 €
Kirschen	1 kg	3,29 €
Pfirsiche	1 kg	2,99 €
Weintrauben	1 kg	2,50 €

1 Vervollständige die Tabelle.

a) Ananas

Anzahl	Preis
1	
2	
3	
4	

b) Heidelbeeren

Schalen	Preis
1	
2	
3	
5	

c) Bananen

kg	Preis
1	
2	
4	
8	

d) Kirschen

kg	Preis
1	
2	
5	
10	

2 Wie viel Euro bezahlt der Kunde?

a)

b)

c)

3 Wie viel Euro bekommt der Kunde zurück?

a)

b)
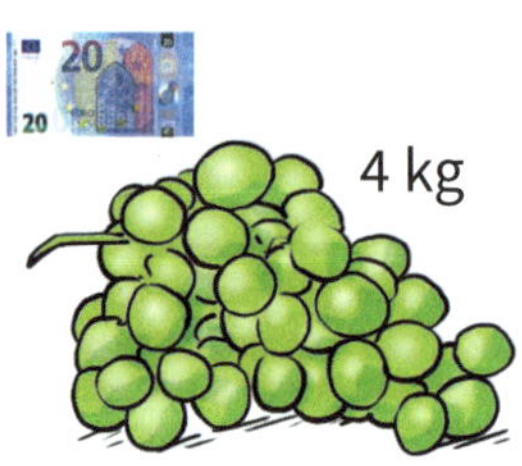

c)

4 Stimmt die Aussage? Überschlage und kreuze an.

- ◯ 4 kg Äpfel kosten mehr als 9 €.
- ◯ Herr Müller bezahlt für 1 Schale Kiwis und 1 kg Bananen 2,70 €.
- ◯ 2 Apfelsinen kosten weniger als 1,80 €.
- ◯ Lea kauft 2 Mangos. Sie bezahlt 5 € und erhält 2,50 € zurück.

Einkaufen im Supermarkt

1 Berechne den Unterschied.

a) O-Saft

Spar Kauf		Realo-Markt	
Anzahl	Preis	Anzahl	Preis
3		2	
1		1	

Unterschied: ______

b) Joghurt

Spar Kauf		Realo-Markt	
Anzahl	Preis	Anzahl	Preis
4		6	
1		1	

Unterschied: ______

c) Butter

Spar Kauf		Realo-Markt	
Anzahl	Preis	Anzahl	Preis
4		4	
1		1	

Unterschied: ______

d) Pizza

Spar Kauf		Realo-Markt	
Anzahl	Preis	Anzahl	Preis
2		3	
1		1	

Unterschied: ______

2 Marco kauft im Realo-Markt ein:

6 Becher Joghurt
3 Pizza
2 Flaschen O-Saft

Reichen 10 € aus? Überschlage, dann berechne den genauen Preis.

Überschlag: 2 € + ______

Wie viel Euro muss Marco bezahlen?

A: ______

3 Vergleiche die Preise und kreuze das günstigere Angebot an.

Paprika	Spargel	Zwiebeln	Tomaten
◯ 1 kg 3,99 €	◯ 1 kg 5,00 €	◯ 1 kg 0,55 €	◯ 0,5 kg 1,98 €
◯ 2 kg 6,90 €	◯ 5 kg 25,95 €	◯ 10 kg 4,25 €	◯ 2 kg 6,66 €

Vermischte Übungen

1 Hat Dominik alle Aufgaben richtig gerechnet? Berichtige die falschen Ergebnisse.

a) $20 \cdot 50 = 1\,000$ ______

$30 \cdot 60 = 180$ f, 1 800

$40 \cdot 70 = 2\,800$ ______

b) $4\,200 : 70 = 600$ ______

$1\,800 : 60 = 300$ ______

$2\,800 : 7 = 40$ ______

2 a) $4 \cdot 800 =$ ______

$5 \cdot 600 =$ ______

b) $30 \cdot 70 =$ ______

$60 \cdot 40 =$ ______

c) $150 : 50 =$ ______

$4\,500 : 9 =$ ______

3 Wie viel Kilometer fährt jeder LKW an einem Tag?

a) 

an einem Tag: ______

b) 

an einem Tag: ______

c) 

an einem Tag: ______

d) 

an einem Tag: ______

4 Rechne schriftlich.

a) $367 \cdot 3$

b) $508 \cdot 7$

c) $731 \cdot 5$

d) $429 \cdot 6$

e) $542 \cdot 30$

f) $684 \cdot 20$

g) $304 \cdot 70$

h) $453 \cdot 50$

5 Die Klasse 5a macht mit 20 Schülern eine Klassenfahrt.
Wie viel Euro kostet der Ausflug insgesamt für alle Schüler?

Pro Person:
Fahrt, Unterkunft,
Verpflegung
158 €

A: ______

6 Manchmal bleibt ein Rest.

a) $2\,641 : 5 =$ ______

b) $6\,410 : 5 =$ ______

c) $3\,550 : 8 =$ ______

6 Kreis und Winkel

So zeichnest du mit dem Zirkel einen Kreis mit dem Radius r = 2 cm.

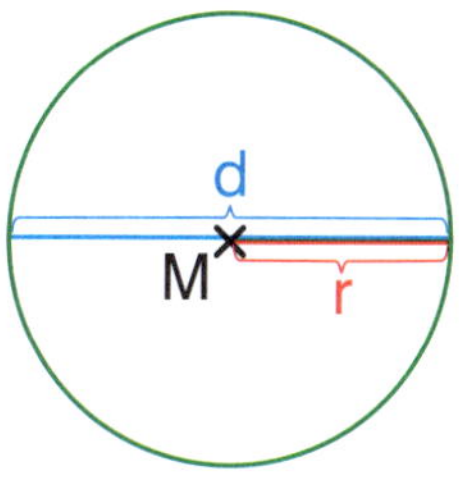

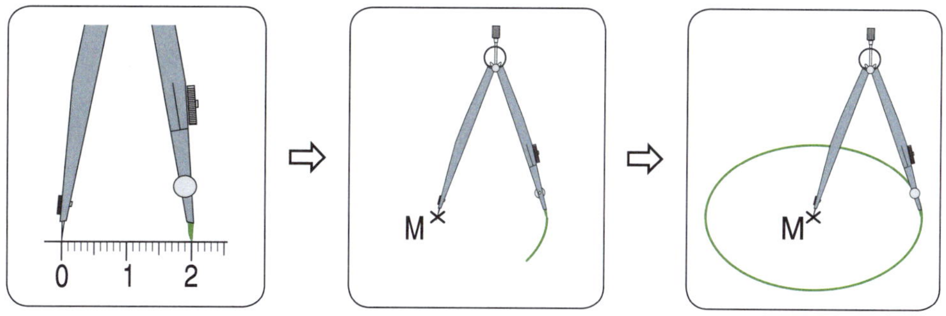

M: Mittelpunkt
d: Durchmesser
r: Radius

1 Zeichne den Kreis mit dem angegebenen Radius um den Mittelpunkt M.

a) r = 2 cm b) r = 3 cm c) r = 1,5 cm

×M ×M ×M

2 Zeichne einen Durchmesser in den Kreis ein. Miss den Durchmesser. Gib den Radius an.

a)

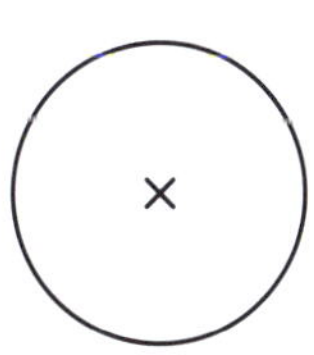

d =

r = ______

b)

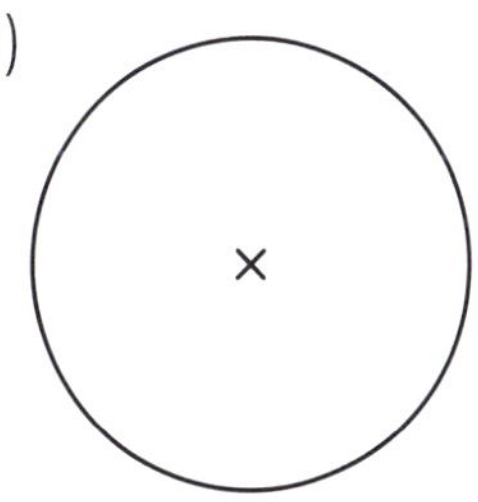

d = ______

r = ______

3 Setze das Kreismuster fort.

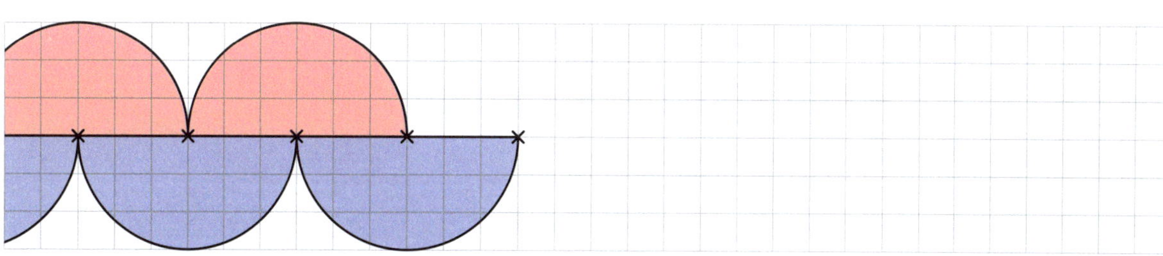

Winkel und Winkelarten

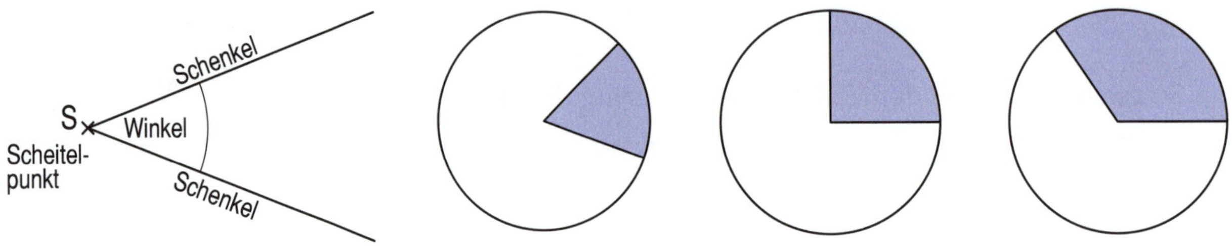

spitzer Winkel	rechter Winkel	stumpfer Winkel

1 Bilden die Zeiger einen spitzen, einen stumpfen oder einen rechten Winkel?

a) 

b) 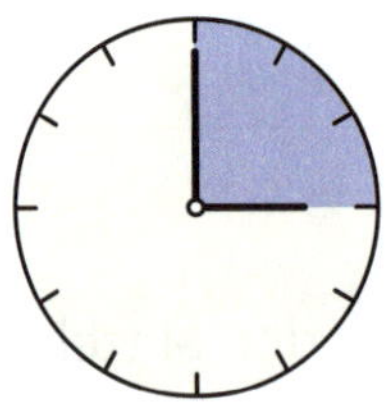

c) 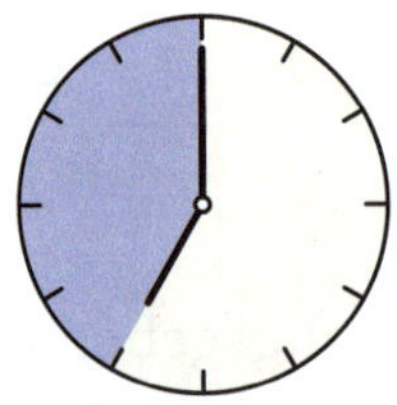

d) 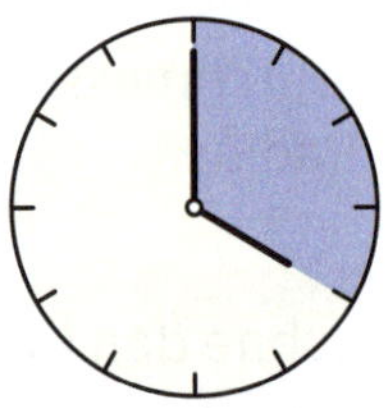

2 Färbe spitze Winkel rot, stumpfe Winkel blau und rechte Winkel grün.

a) 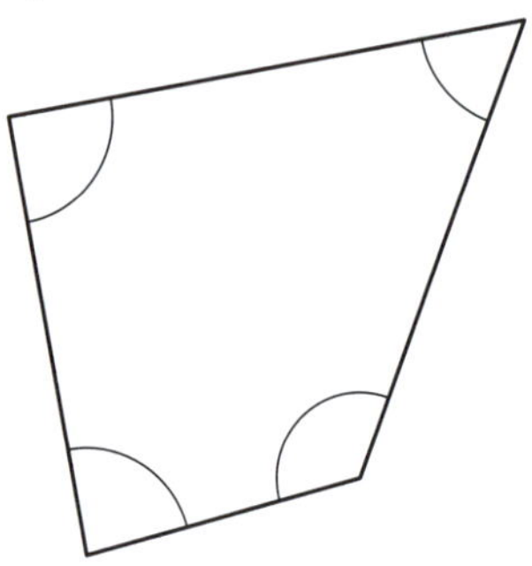

b) 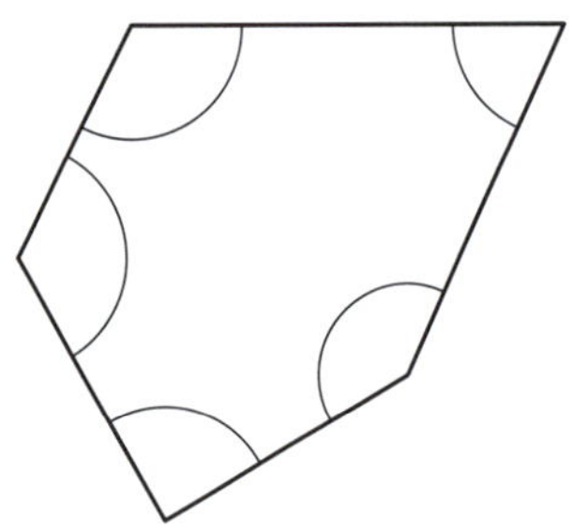

c) 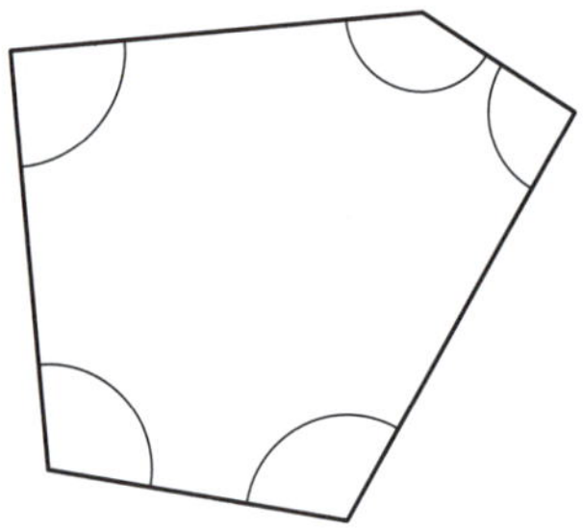

3 Winkel werden mit griechischen Buchstaben bezeichnet:
α (alpha, sprich: alfa), β (beta), γ (gamma)

α ____________________

β ____________________

γ ____________________

4 Welcher Winkel ist ein spitzer Winkel, welcher ist ein rechter Winkel, welcher ist ein stumpfer Winkel? Trage ein.

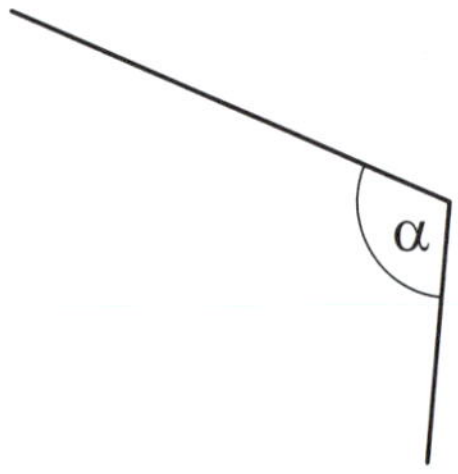

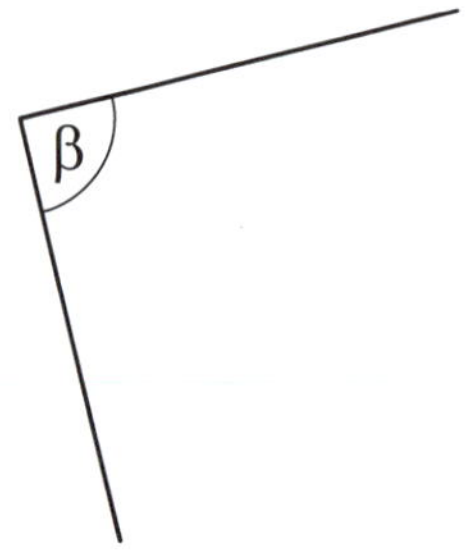

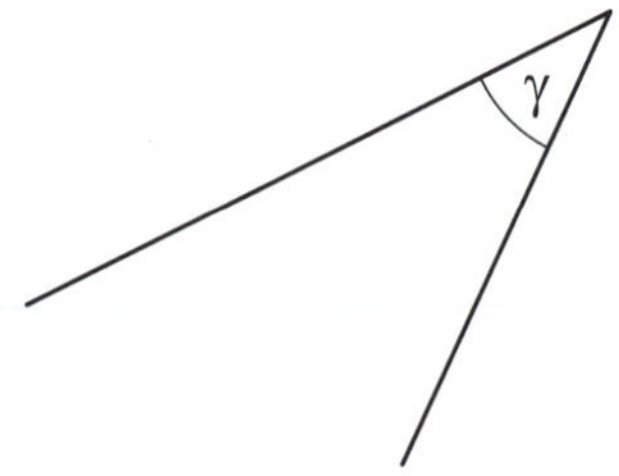

spitzer Winkel: ______ stumpfer Winkel: ______ rechter Winkel: ______

Winkel schätzen und messen

1 Lies die Gradzahl für den spitzen und für den stumpfen Winkel ab. Trage ein.

a)

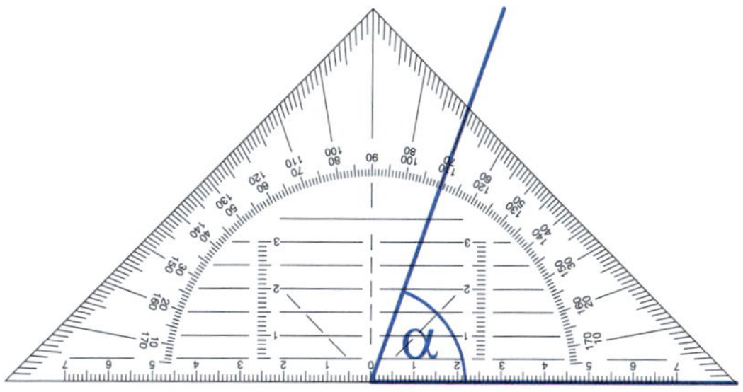

α = ________

b)

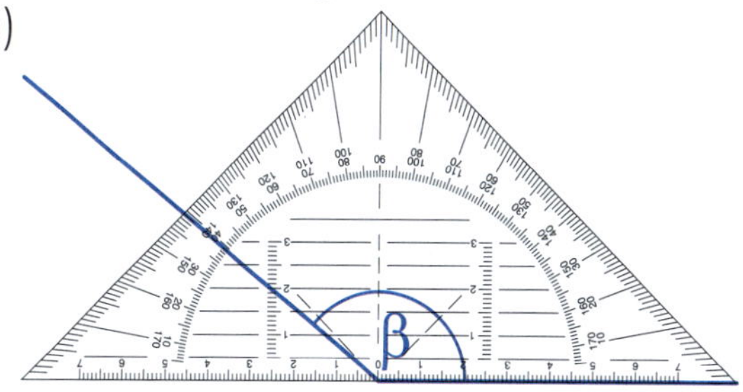

β = ________

2 Ordne zu. Verbinde.

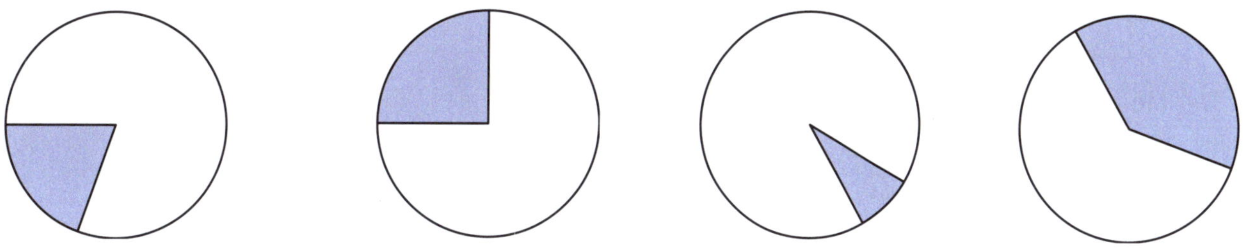

30°	70°	140°	90°

3 Ist der Winkel ein spitzer, ein rechter oder ein stumpfer Winkel? Schätze die Größe des Winkels, dann überprüfe durch Messen.

a) Winkelart: ________

geschätzt: ________

gemessen: ________

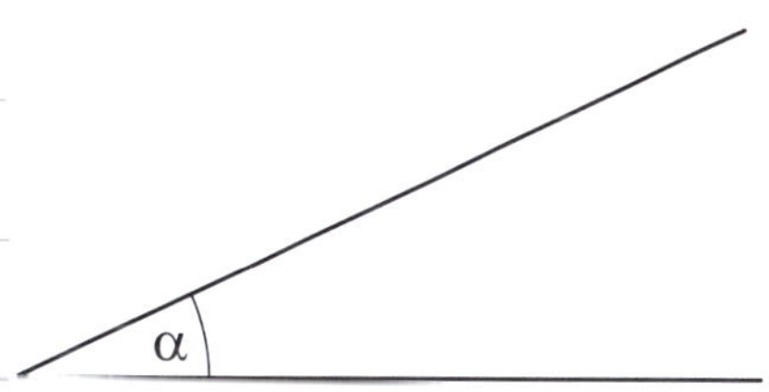

b) Winkelart: ________

geschätzt: ________

gemessen: ________

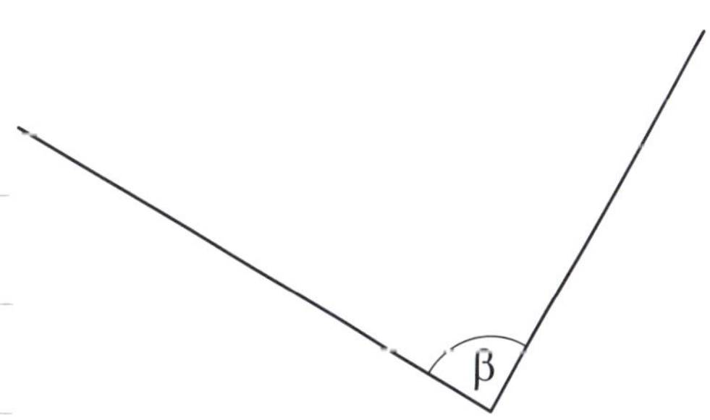

c) Winkelart: ________

geschätzt: ________

gemessen: ________

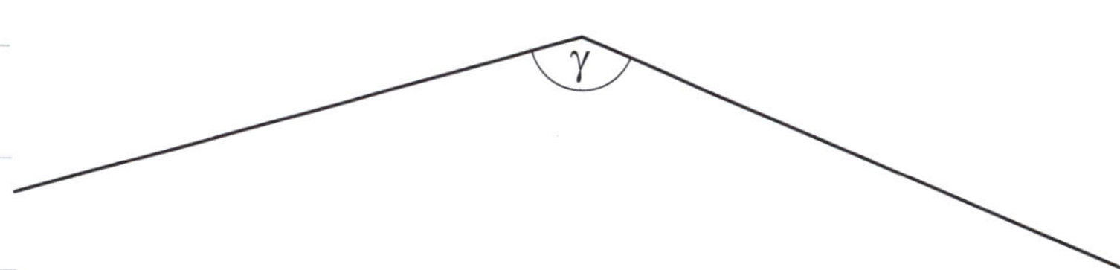

Winkel messen

1 Miss die Größe des Winkels.

a)

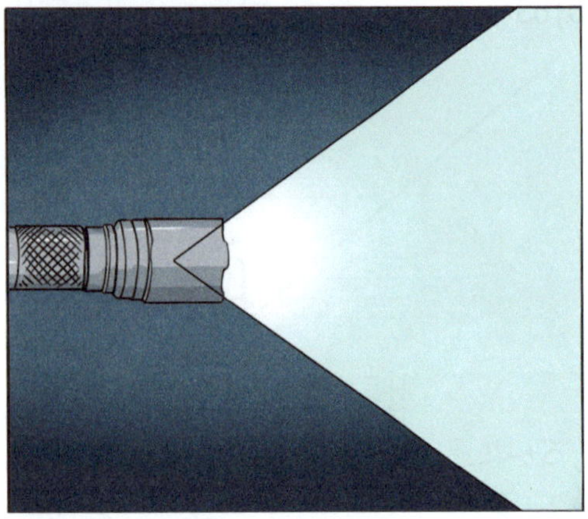

b)

2 Der Motorradfahrer legt sich in eine Kurve. Miss die Größe des Winkels.

a)

b)

c)

3 Bei Sonnenschein mäht das Solarschaf „Sonny“ kreuz und quer den Rasen. Wenn es an ein Hindernis stößt, ändert es die Richtung. Miss die Winkel.

Winkel zeichnen

1 Zeichne den Winkel mit dem Scheitelpunkt S.

a) 35°

b) 63°

c) 90°

d) 125°

2 Wer leuchtet den Igel an? Zeichne für jeden Lichtkegel den fehlenden Schenkel, dann siehst du es.

A: ____________________

Vermischte Übungen

1 Zeichne das Kreismuster. Wie groß ist der Radius deiner Kreise.

a)

Radius:

r =

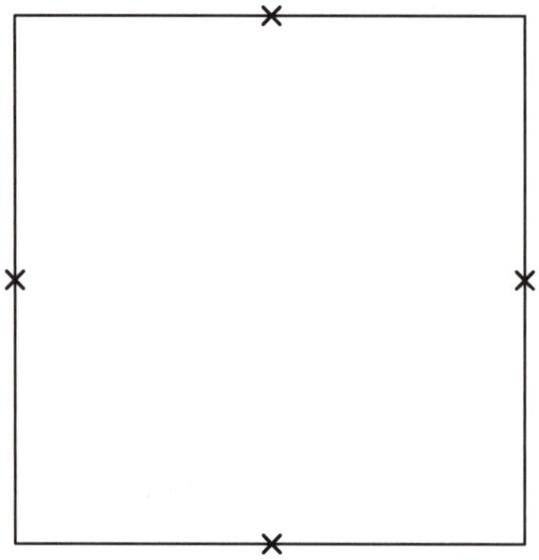

b)

Radius:

r =

2 Färbe spitze Winkel rot, stumpfe Winkel blau und rechte Winkel grün.

a)

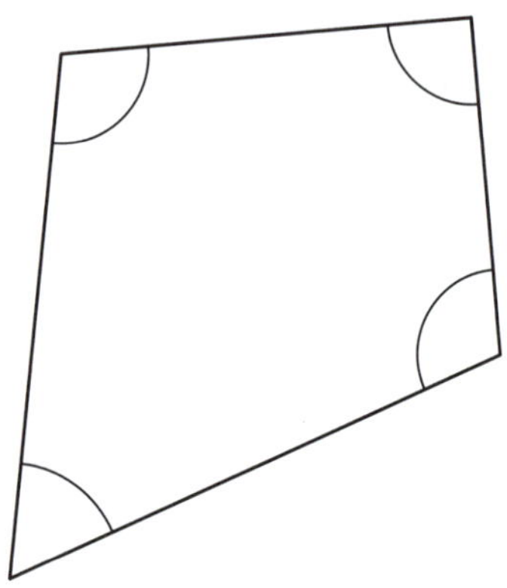

b)

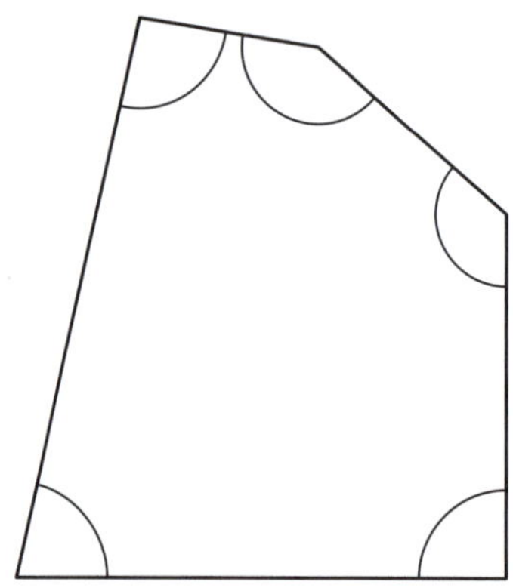

c)

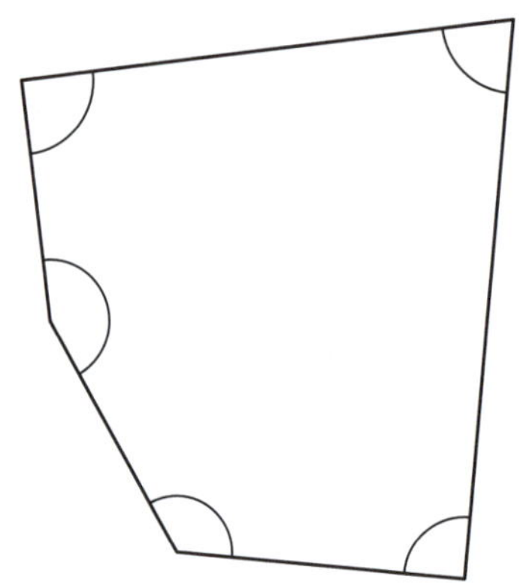

3 a) Ist der Winkel ein spitzer, ein rechter oder ein stumpfer Winkel? Trage ein.
b) Schätze die Größe des Winkels. Prüfe durch Messen.

	Winkelart	geschätzt	gemessen
α			
β			
γ			

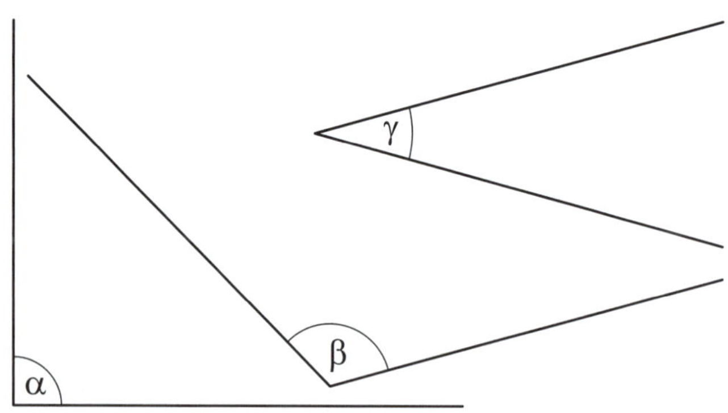

4 Zeichne den Winkel mit dem Scheitelpunkt S.

a) $\alpha = 42°$

S

b) $\beta = 135°$

S

7 Vergleichen und Messen

1 Ordne die Abkürzungen zu.

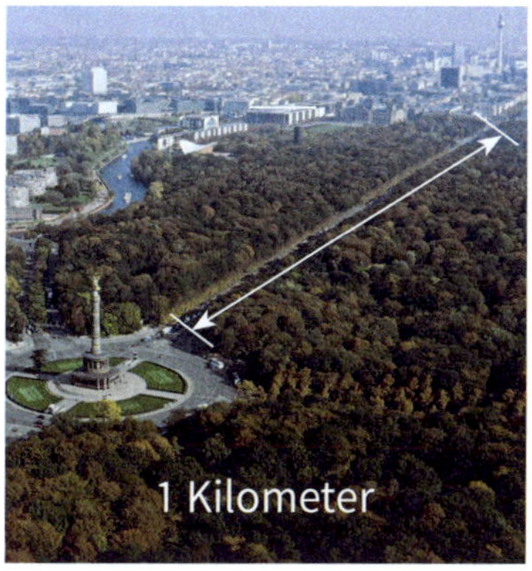

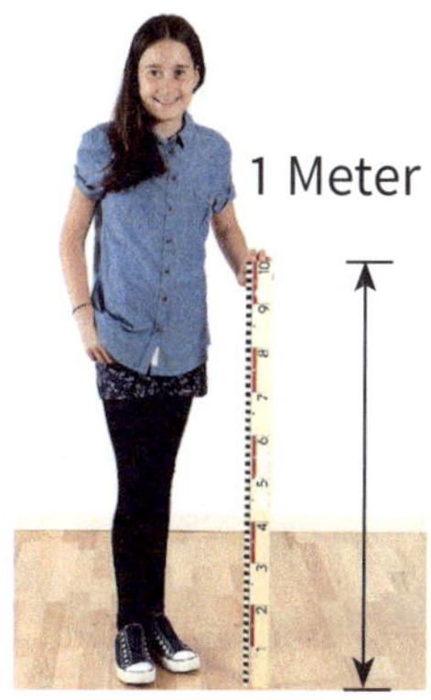

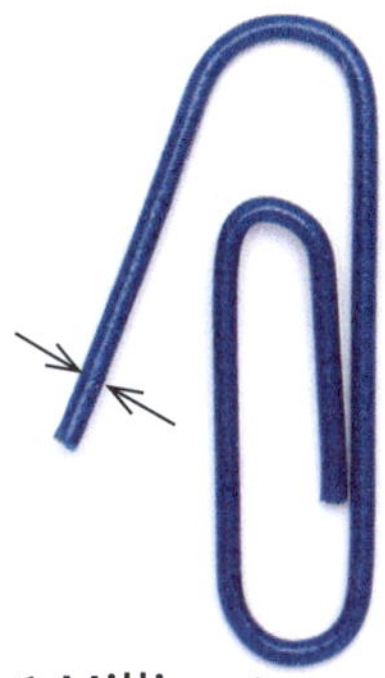
1 Millimeter

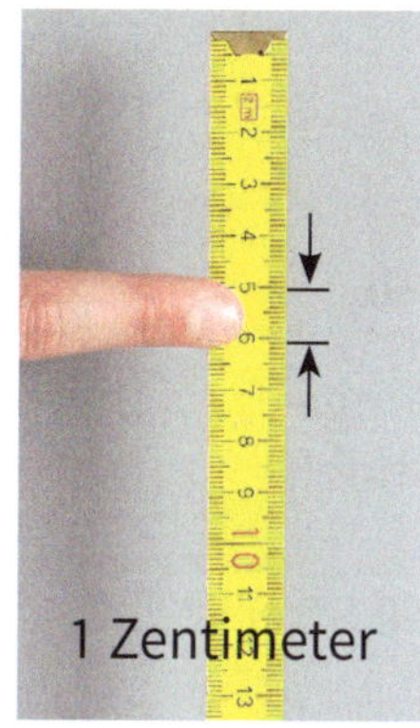

1 m

1 cm

1 mm

1 km

_______ _______ _______ _______

2 Setze ein: m, cm oder mm.

15 _______ 25 _______ 150 _______ 2 _______ 700 _______

3 Ordne die passende Länge zu.

Höhe eines Wohnhauses _______

Länge eines Lineals _______

Entfernung Potsdam – Berlin _______

Dicke eines Schulheftes _______

Breite einer Zimmertür _______

Größe einer Schülerin _______

8 m | 150 cm | 4 mm | 1 m | 30 cm | 29 500 m

4 Zeichne die Strecken.

a) 9 cm

b) 70 mm

c) 15 mm

Längen schätzen, messen und umwandeln

1 Schätze die Höhen.

Der Baum ist ungefähr ______ m hoch.

Das Haus ist ungefähr ______ m hoch.

Der Tisch ist ungefähr ______ cm hoch.

Der Koffer ist ungefähr ______ cm hoch.

2 Wie lang ist die Strecke?

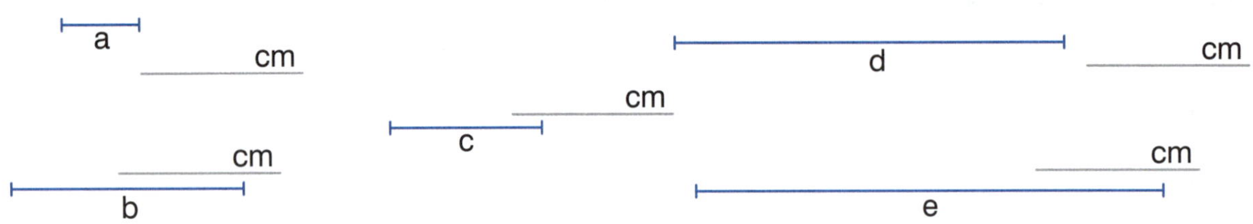

3 Wandle um. Beachte: 1 km = 1 000 m | 1 m = 100 cm | 1 cm = 10 mm

a)	4 km = ______ m	9 km = ______ m	8 000 m = ______ km	10 000 m = ______ km
b)	2 m = ______ cm	6 m = ______ cm	400 cm = ______ m	1 000 cm = ______ m
c)	5 cm = ______ mm	12 cm = ______ mm	30 mm = ______ cm	100 mm = ______ cm
d)	10 mm = ______ cm	12 m = ______ cm	2 000 m = ______ km	600 cm = ______ m

4 Wie viel Zentimeter und Millimeter sind es? Schreibe so: 12 mm = 1 cm 2 mm.

15 mm = ______ 56 mm = ______ 43 mm = ______ 105 mm = ______

5 Wie viel Meter und Zentimeter sind es? Schreibe so: 120 cm = 1 m 20 cm.

250 cm = ______ 317 cm = ______ 860 cm = ______ 701 cm = ______

6 Wie viel Kilometer und Meter sind es? Schreibe so: 1 200 m = 1 km 200 m.

5 900 m = ______ 1 010 m = ______ 3 865 m = ______ 2 004 m = ______

7 Kleiner, größer oder gleich? Setze ein: <, > oder =.

a)	350 cm ☐ 3 m	97 cm ☐ 1 m	500 cm ☐ 5 m	800 cm ☐ 80 m
b)	70 mm ☐ 7 cm	100 mm ☐ 1 cm	39 mm ☐ 4 cm	300 mm ☐ 30 cm
c)	700 m ☐ 1 km	1 000 m ☐ 2 km	5 500 m ☐ 5 km	9 000 m ☐ 9 km

Kommaschreibweise bei Längen

1

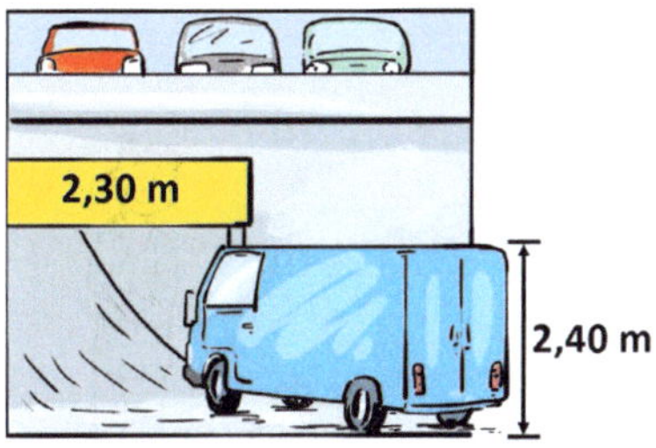

Fülle die Tabelle aus.

2 m 30 cm		2 m 15 cm		
2,30 m	3,57 m		1,05 m	
230 cm				210 cm

2 Immer drei Längenangaben sind gleich. Kennzeichne sie mit der gleichen Farbe.

250 cm	1 m 91 cm	0 m 91 cm	2,5 m	2 m 5 cm	205 cm
91 cm	2 m 50 cm	1,91 m	2,05 m	191 cm	0,91 m

3

Fülle die Tabelle aus.

4 cm 8 mm	3 cm 5 mm			4 cm 2 mm
4,8 cm		2,1 cm		
48 mm			39 mm	

4

Fülle die Tabelle aus.

1 km 500 m			2 km 450 m	
1,500 km		3,750 km		
1 500 m	2 345 m			3 011 m

5 Ordne nach der Größe. Beginne mit der größten Länge.

a) 23 mm 3,5 cm 4 cm 9 mm

_______ > _______ > _______ > _______

b) 234 m 6,5 km 9,99 m 1 km

_______ > _______ > _______ > _______

c) 2,5 m 30 cm 400 cm 0,85 m

_______ > _______ > _______ > _______

d) 0,7 cm 1,01 m 0,11 m 18,5 cm

_______ > _______ > _______ > _______

6 Immer drei Längenangaben sind gleich. Kennzeichne sie mit der gleichen Farbe.

2,075 km	1 cm 1 mm	2 km 75 m	2,75 m	1 m 1 cm	275 cm
11 mm	2 m 75 cm	1,01 m	2 075 m	101 cm	1,1 cm

Rechnen mit Längen

1 Berechne.

a) 3,50 m + 4,30 m = ______ m
1,90 m + 2,20 m = ______ m
4,15 m + 4,35 m = ______ m
6,20 m + 0,75 m = ______ m
2,10 m + 9 m = ______ m

b) 5,80 m – 2,70 m = ______ m
3,70 m – 1,20 m = ______ m
6,30 m – 0,40 m = ______ m
2,50 m – 1,50 m = ______ m
5,40 m – 3 m = ______ m

2 Wandle um in die kleinere Einheit und rechne aus.

a) 3,15 m + 40 cm = 315 cm + 40 cm = ______ cm = ______ m

b) 4,60 m + 90 cm = ______ + ______ = ______ = ______

c) 2,20 m – 70 cm = ______ – ______ = ______ = ______

d) 5,30 m – 35 cm = ______ – ______ = ______ = ______

e) 79 cm + 2,30 m = ______ + ______ = ______ = ______

3 Immer zwei Längenangaben ergeben zusammen 1 m. Kennzeichne sie mit der gleichen Farbe.

98 cm	80 cm	65 cm	0,55 m	0,75 m	0,91 m
9 cm	45 cm	25 cm	0,2 m	0,02 m	0,35 m

4 Immer drei Längenangaben ergeben zusammen 1 m. Kennzeichne sie mit der gleichen Farbe.

5 cm	0,77 m	8 cm	13 cm	90 cm
0,45 m	10 cm	2 cm	50 cm	

5 Ergänze.

a) 3 mm + ______ mm = 1 cm
8 mm + ______ mm = 1 cm
0,4 cm + ______ mm = 1 cm
0,9 cm + ______ mm = 1 cm

b) 75 cm + ______ cm = 1 m
9 cm + ______ cm = 1 m
0,98 m + ______ cm = 1 m
0,05 m + ______ cm = 1 m

c) 200 m + ______ m = 1 km
550 m + ______ m = 1 km
0,895 km + ______ m = 1 km
0,6 km + ______ m = 1 km

Umfang von Rechteck und Quadrat

1 Welche Schnecke hat den längsten Weg einmal um das Rechteck herum?

Eulalie

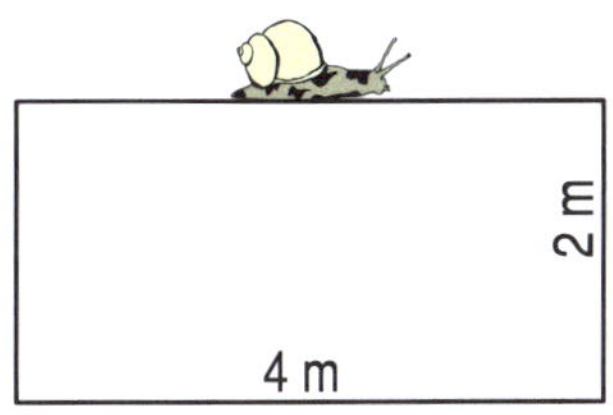

Weglänge: ______

Isidor

Weglänge: ______

Reudelbert

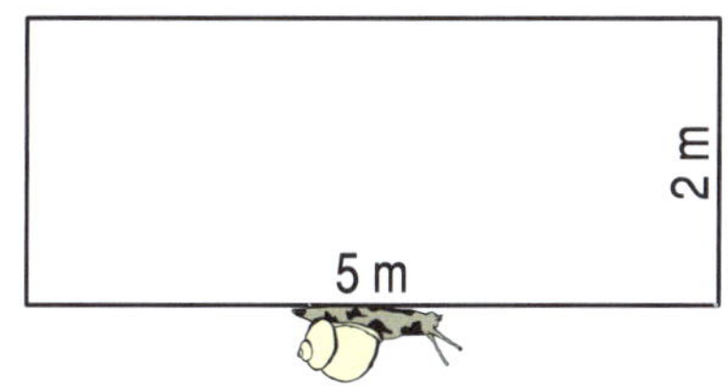

Weglänge: ______

Den längsten Weg hat ______.

2 Jan und Eva berechnen den Umfang eines Rechtecks auf verschiedene Art.
Erhalten beide das gleiche Ergebnis?

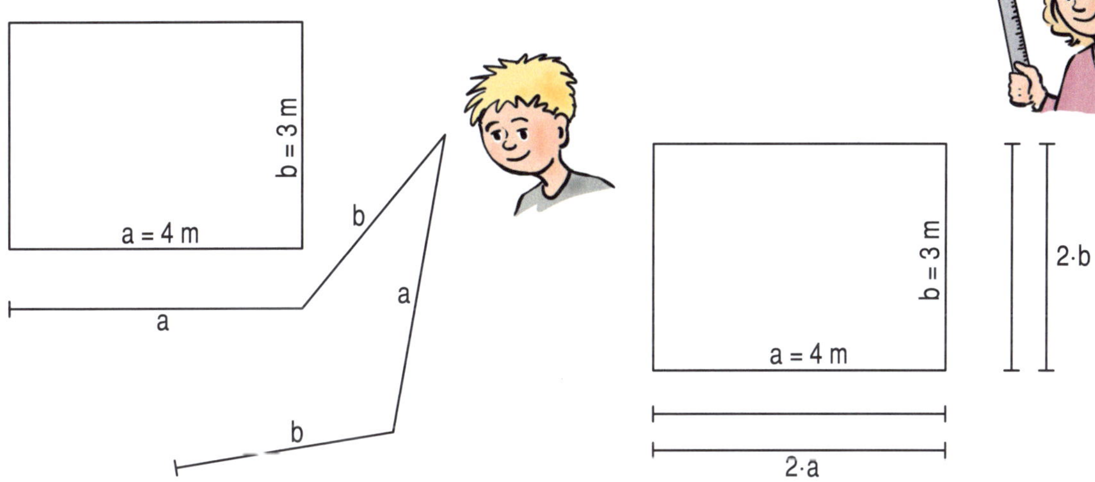

u = a + b + a + b

u = ____ + ____ + ____ + ____

u = ____ m

u = 2 · a + 2 · b

u = 2 · ____ + 2 · ____

u = ____ m

3 Miss die Seitenlängen. Berechne den Umfang.

a)

____ cm

____ cm

u = ______

u = ______ cm

b)

____ cm

____ cm

u = ______

u = ______ cm

Flächeninhalte vergleichen

1

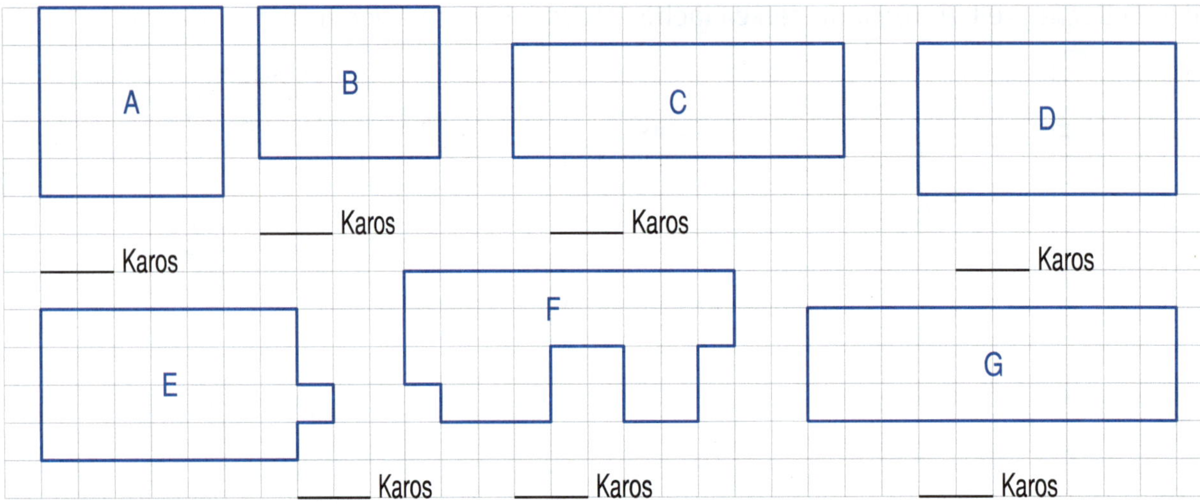

Welche Figur ist am größten? Figur ______ ist am größten.

2 Ein Teil des Rechtecks ist verdeckt. Wie viele Karos hat das vollständige Rechteck?

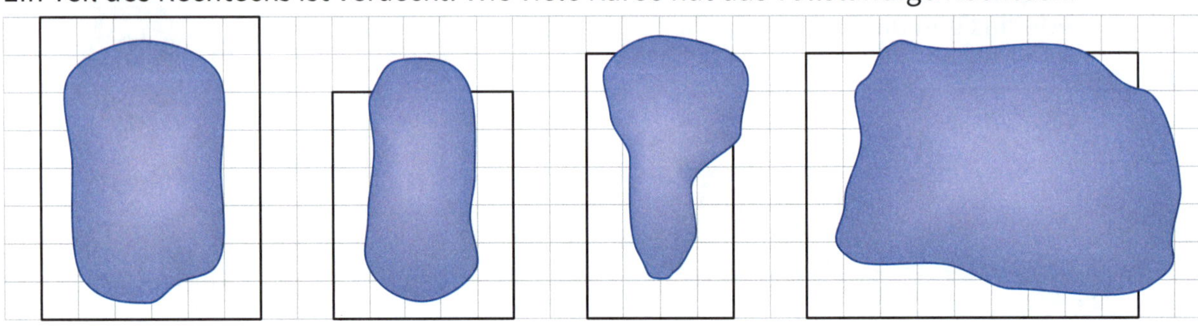

______ Karos ______ Karos ______ Karos ______ Karos

3 Wie viele Quadratzentimeter passen in die Figur?

a)

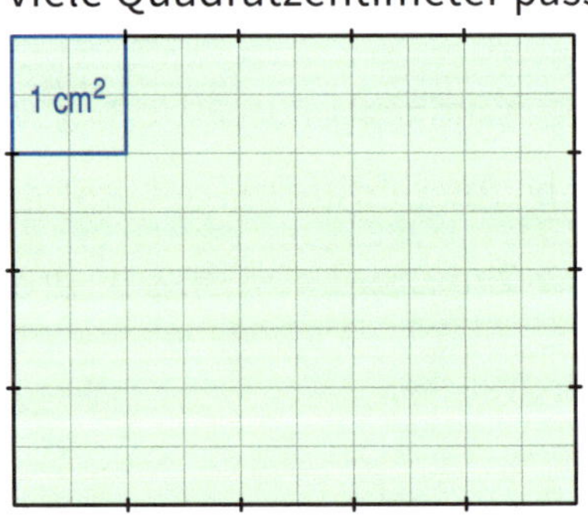

___ Quadratzentimeter

b)

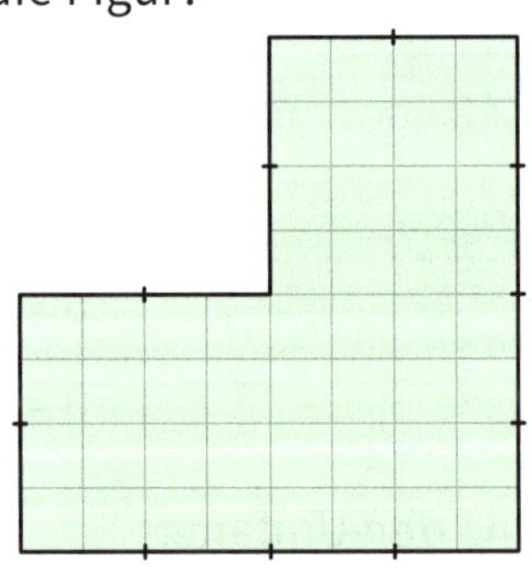

___ Quadratzentimeter

c)

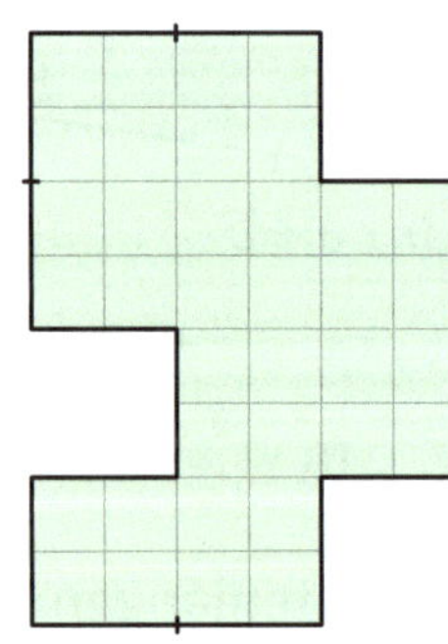

___ Quadratzentimeter

4 a)

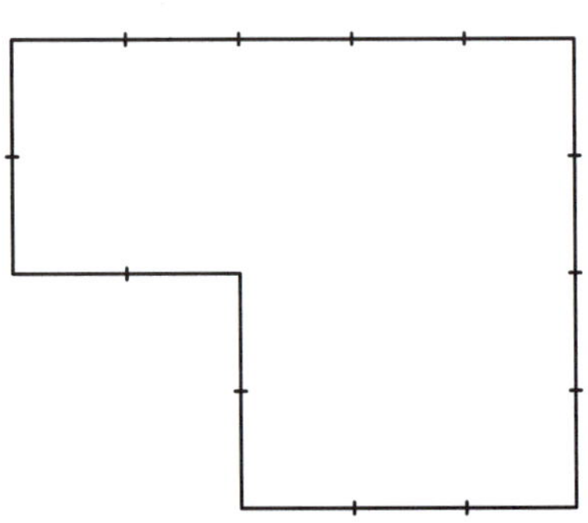

___ Quadratzentimeter

b)

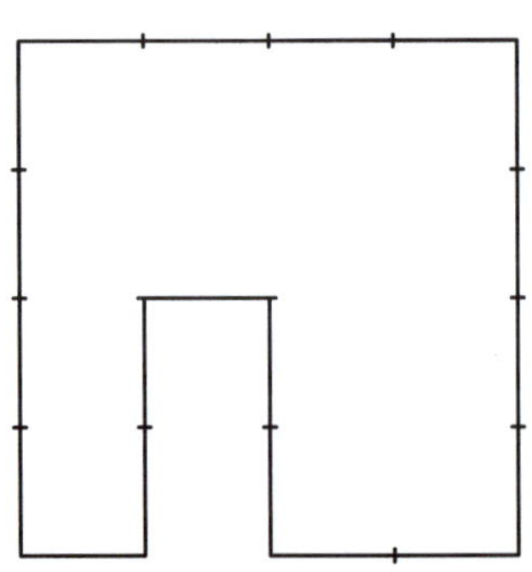

___ Quadratzentimeter

c)

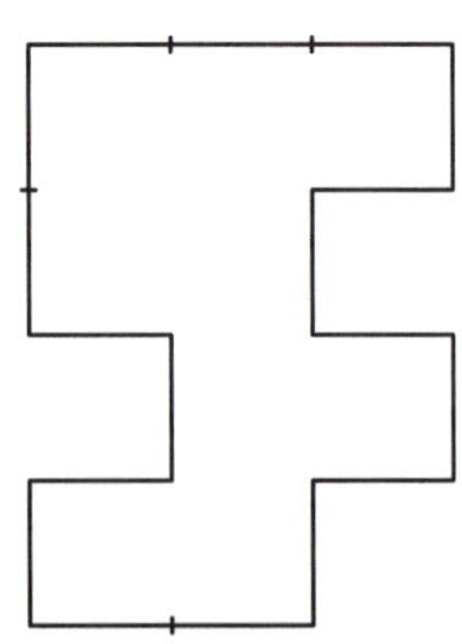

___ Quadratzentimeter

Flächeneinheiten

1 Mit welcher Einheit würdest du diese Flächen messen? Trage ein: mm^2, cm^2 oder m^2.

 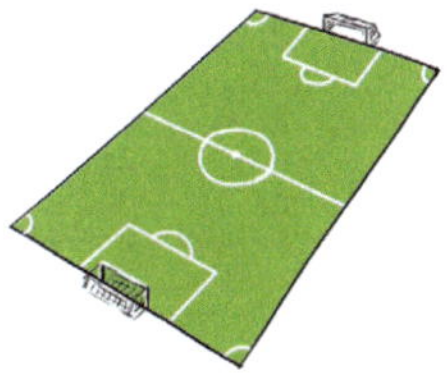    

______ ______ ______ ______ ______ ______

2 Setze die passende Einheit ein: mm^2, cm^2 oder m^2.

a)			b)		
Taste auf dem Handy	16	______	Computer-Monitor	1 200	______
Schultafel	4	______	Tischtennisplatte	4	______
Tischplatte	6 000	______	Postkarte	150	______
CD-Hülle	170	______	Streichholzkopf	15	______

3 Ordne den Flächen den passenden Flächeninhalt zu.

$12\ cm^2$ $500\ cm^2$ $600\ cm^2$ $50\ mm^2$ $6\ cm^2$

4 Stimmt die Aussage? Kreuze an.

a) ◯ Ein 10-Euro-Schein ist $85\ cm^2$ groß.
◯ Eine Briefmarke ist kleiner als $10\ mm^2$.
◯ Ein Schulheft ist $1\,500\ cm^2$ groß.

b) ◯ Ein Maikäfer kann $40\ cm^2$ groß sein.
◯ Eine Busfahrkarte ist $4\ cm^2$ groß.
◯ Ein Geodreieck ist $60\ cm^2$ groß.

5 Ergänze die fehlenden Angaben.

a) 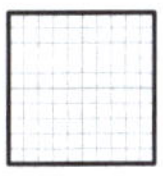

$1\ cm^2 =$
$100\ mm^2$

b) 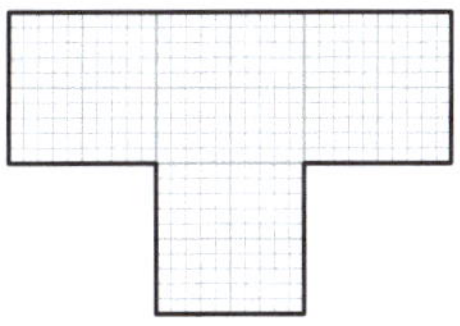

___ cm^2 = ___ mm^2

c) 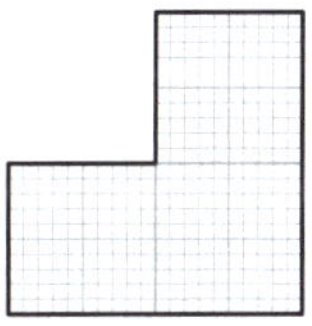

___ cm^2 = ___ mm^2

d) 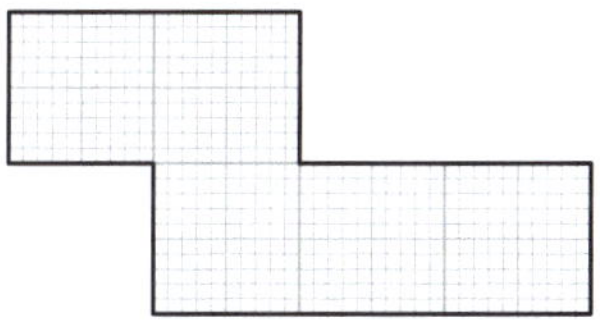

___ cm^2 = ___ mm^2

6 a) $7\ cm^2$ = ______ mm^2
$12\ cm^2$ = ______ mm^2

b) $2\ cm^2$ = ______ mm^2
$30\ cm^2$ = ______ mm^2

c) $8\ cm^2$ = ______ mm^2
$10\ cm^2$ = ______ mm^2

7 a) $600\ mm^2$ = ______ cm^2
$400\ mm^2$ = ______ cm^2

b) $1\,500\ mm^2$ = ______ cm^2
$2\,000\ mm^2$ = ______ cm^2

c) $500\ mm^2$ = ______ cm^2
$1\,500\ mm^2$ = ______ cm^2

Flächeninhalt von Rechteck und Quadrat

1 Teile die Streifen in Quadratzentimeter ein. Bestimme den Flächeninhalt des Rechtecks.

a)

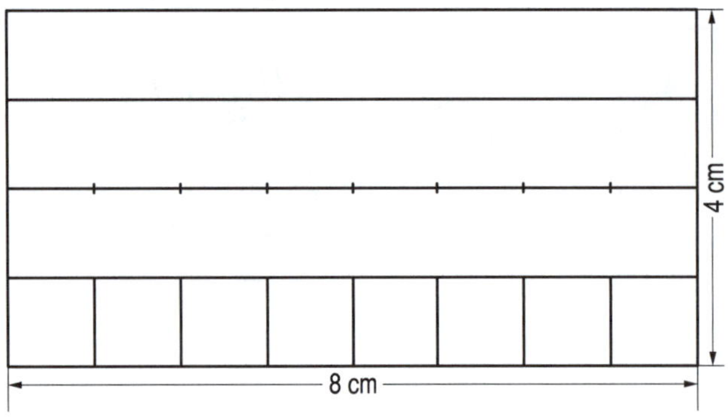

____ cm^2 in jedem Streifen

____ Streifen

Das Rechteck ist ____ cm^2 groß.

b)

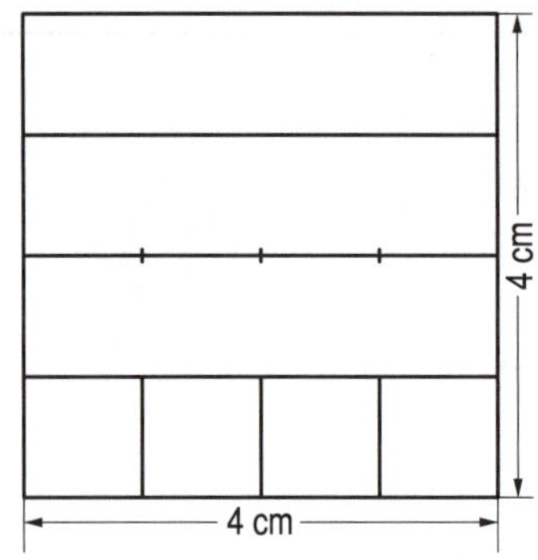

____ cm^2 in jedem Streifen

____ Streifen

Das Quadrat ist ____ cm^2 groß.

2 Zeichne Streifen ein. Bestimme den Flächeninhalt des Rechtecks.

a)

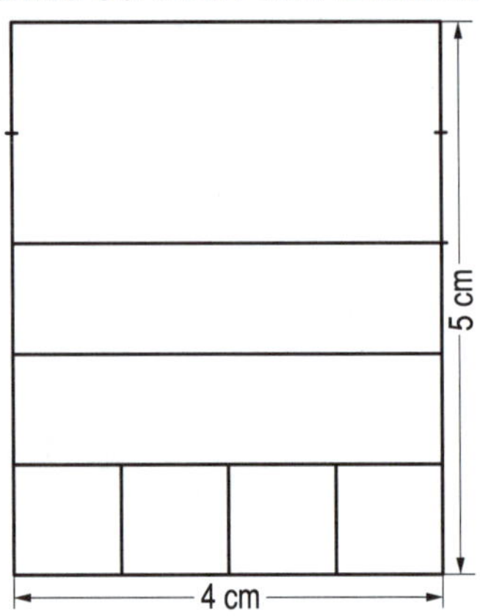

____ cm^2 in jedem Streifen

____ Streifen

A = ____ cm^2

b)

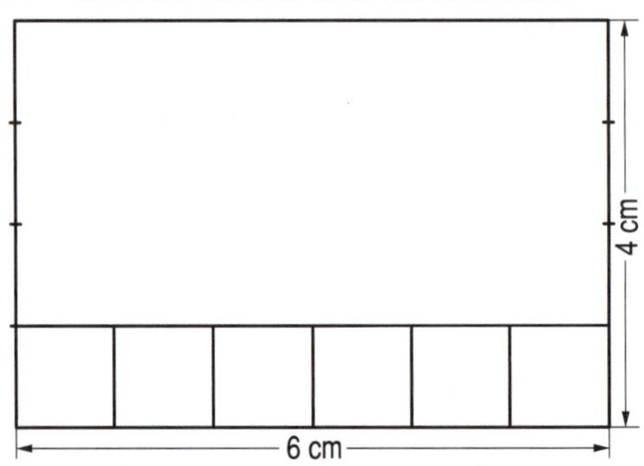

____ cm^2 in jedem Streifen

____ Streifen

A = ____ cm^2

c)

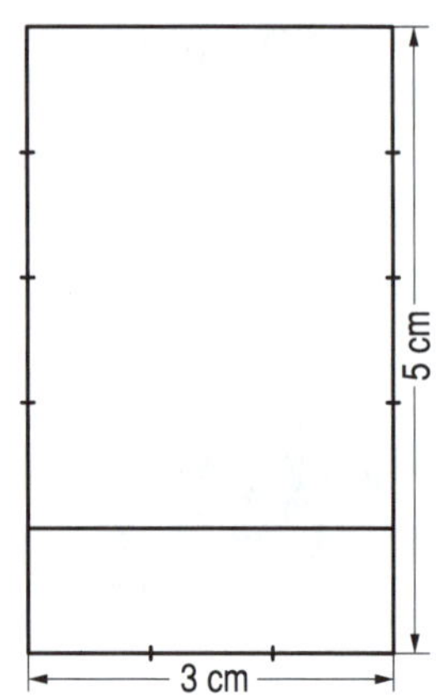

____ cm^2 in jedem Streifen

____ Streifen

A = ____ cm^2

3 Miss Länge und Breite des Rechtecks. Bestimme den Flächeninhalt.

____ cm

____ cm

____ cm^2 in jedem Streifen

____ Streifen; A = ____ cm^2

____ cm

____ cm

____ cm^2 in jedem Streifen

____ Streifen; A = ____ cm^2

Flächeninhalt von Rechteck und Quadrat

1 Miss Länge und Breite des Rechtecks. Berechne den Flächeninhalt.

a)

Länge: ______ cm   Breite: ______ cm

Flächeninhalt = Länge · Breite

A = ______ · ______

A = ______ cm^2

b)

Länge: ______ cm   Breite: ______ cm

Flächeninhalt = Länge · Breite

A = ______ · ______

A = ______ cm^2

2 Miss die Seiten a und b. Berechne den Flächeninhalt des Rechtecks.

a)

b = ______ cm

a = ______ cm

A = a · b

A = ______ · ______

A = ______ cm^2

b)

b = ______ cm

a = ______ cm

A = a · b

A = ______ · ______

A = ______ cm^2

3 Das große Rechteck ist aus vier gleichen kleinen Rechtecken zusammengesetzt. Berechne den Flächeninhalt für ein kleines Rechteck und für das große Rechteck.

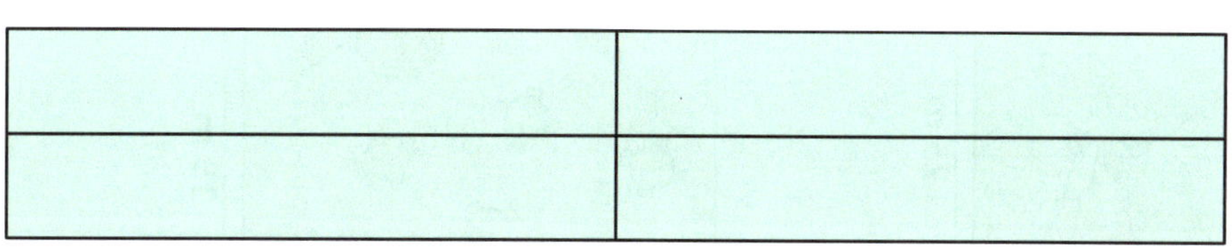

Kleines Rechteck

A = ______ · ______

A = ______ cm^2

Großes Rechteck

A = ______ · ______

A = ______ cm^2

Vermischte Übungen

1 Teile die Figur in Quadratzentimeter ein. Wie viele cm^2 groß ist die Figur?

a) 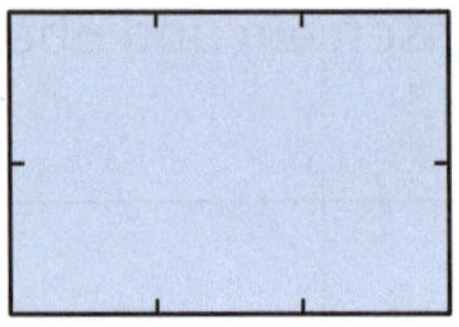

_____ cm^2

b) 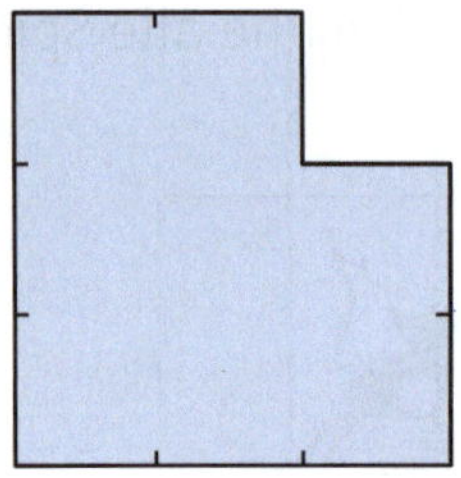

_____ cm^2

c) 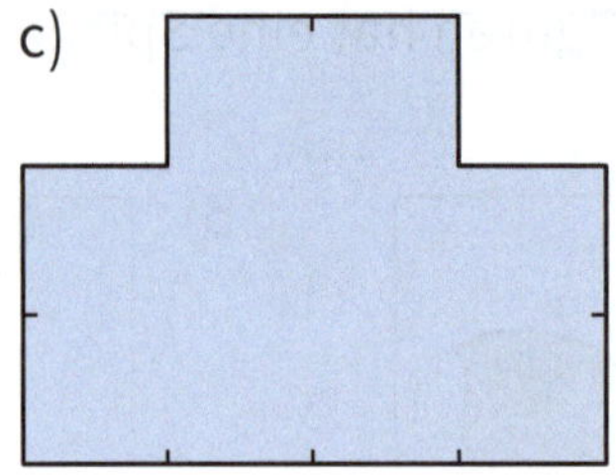

_____ cm^2

d) 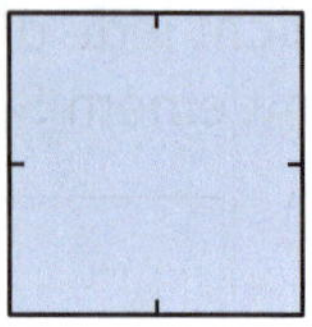

_____ cm^2

2 Miss die Seitenlängen des Rechtecks. Berechne den Umfang.

a) 

___ cm

___ cm

u = _____

u = _____ cm

b) 

___ cm

___ cm

u = _____

u = _____ cm

c) 

___ cm

___ cm

u = _____

u = _____ cm

3 Miss die Seitenlängen. Ergänze zum Rechteck. Berechne den Flächeninhalt.

a) 

___ cm

___ cm

A = _____

A = _____ cm^2

b) 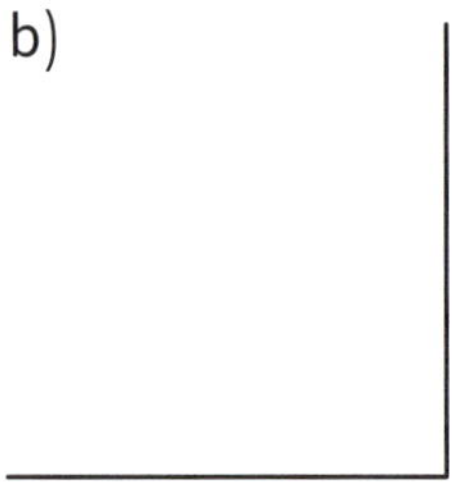

___ cm

___ cm

A = _____

A = _____ cm^2

c) 

___ cm

___ cm

A = _____

A = _____ cm^2

4 a) Wie lang ist der Zaun um die Weide?

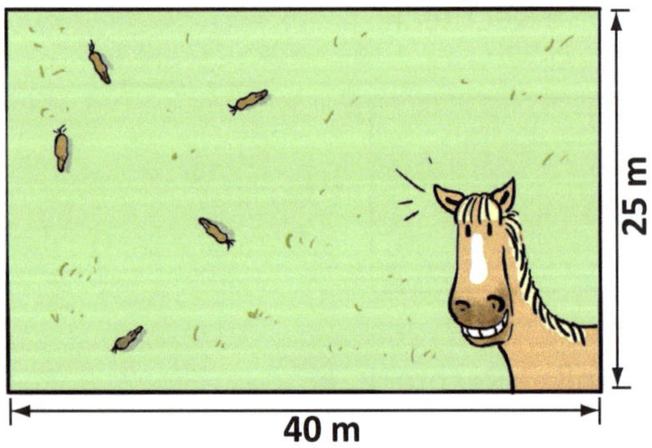

_____

_____

b) Wie groß ist die Fläche der Terrasse?

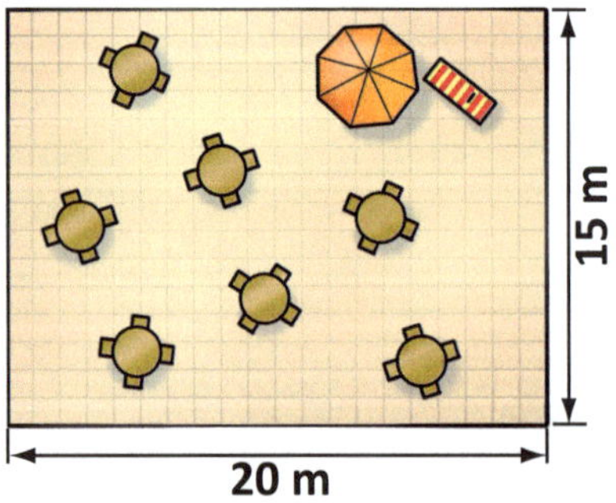

_____

_____

8 Symmetrien und Muster

1 Nicht jede dieser Figuren hat eine Spiegelachse. Zeichne alle Spiegelachsen ein und überprüfe mit einem Spiegel.

a)

b)

c)

d)

e)

f)

2 Zeichne die Spiegelachsen ein.

a)

b)

c)

d)

e)

f)

g)
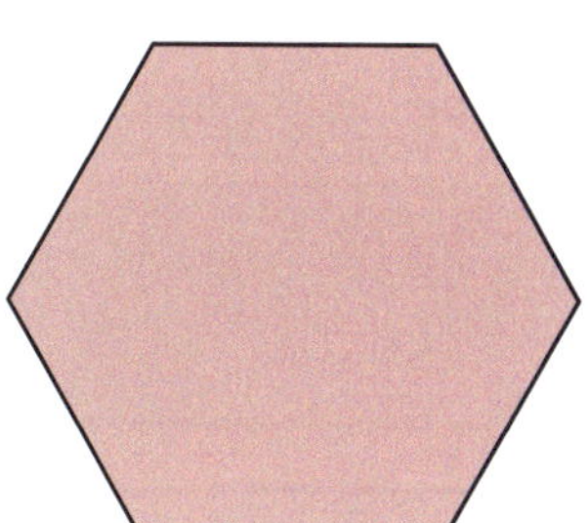

h)
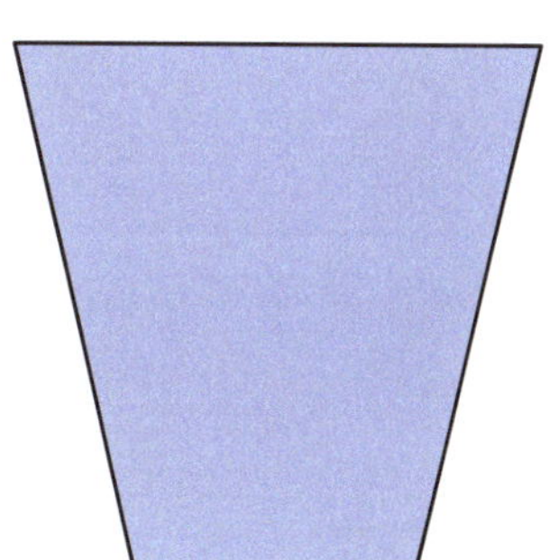

i)

Achsenspiegelung

1 Spiegle die Figur an der Spiegelachse s.

a) 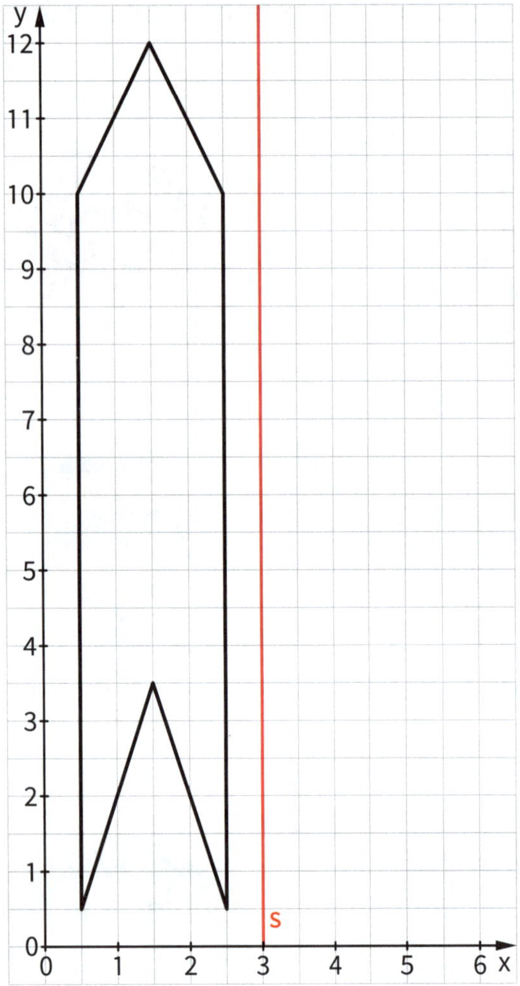

b) 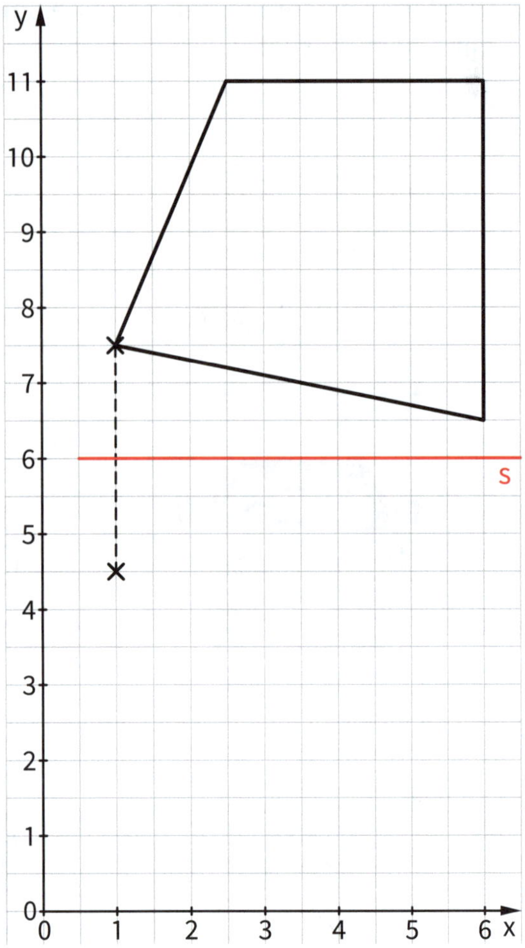

2 a) Spiegle die Figur an der Spiegelachse s. Verwende dein Geodreieck.

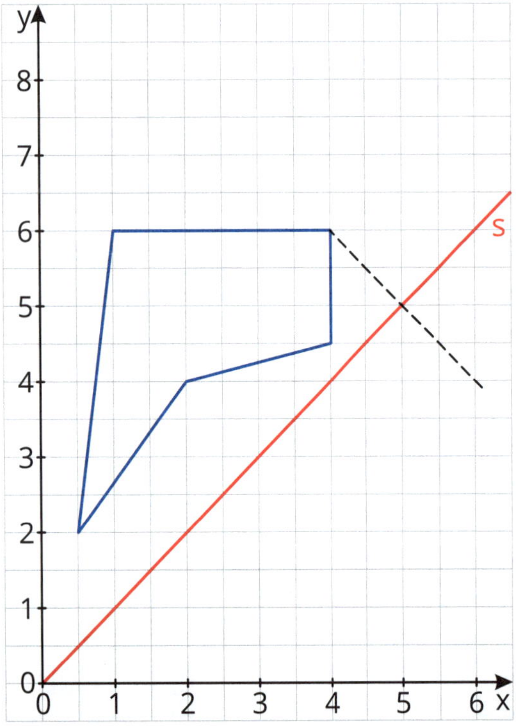

b) Spiegle die Figur an der Achse a. Dann spiegle die Bildfigur an der Achse b.

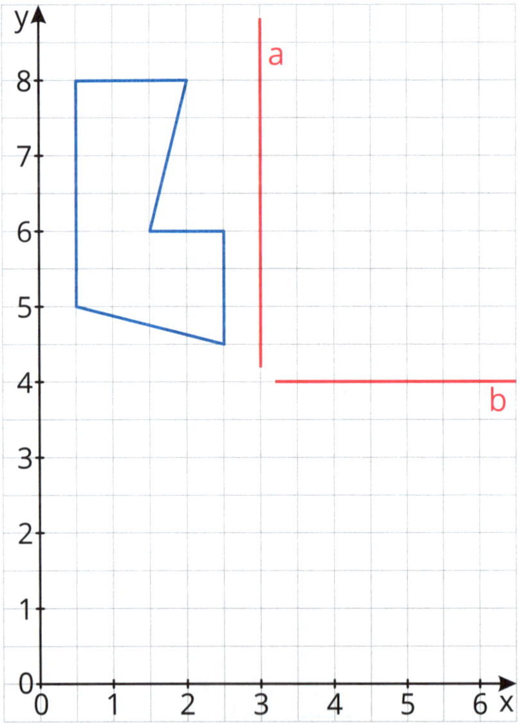

Achsensymmetrische Figuren

1 Ergänze zu einer achsensymmetrischen Figur mit der Symmetrieachse s.

a)

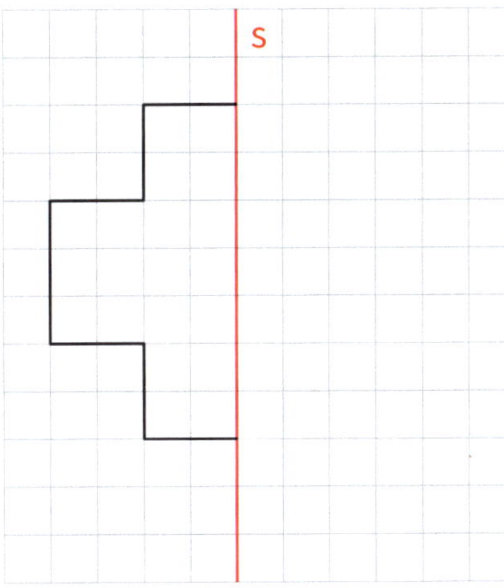

b)

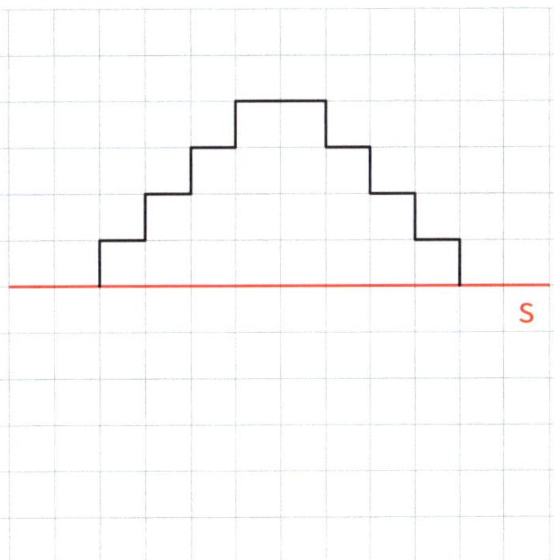

c)

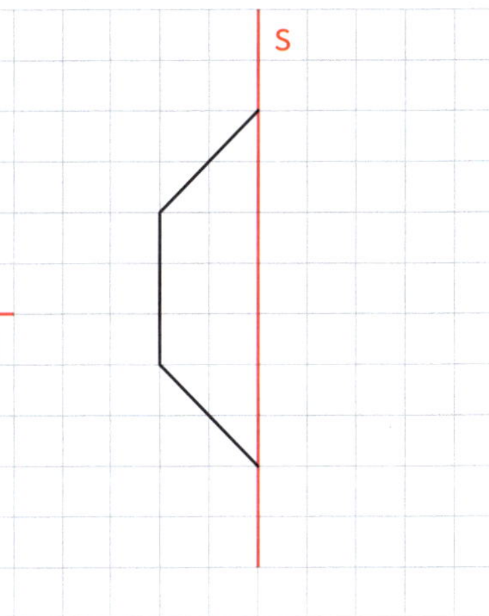

d)

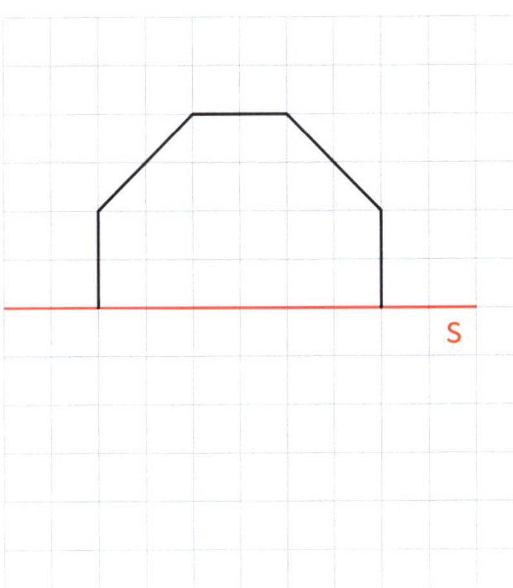

e)

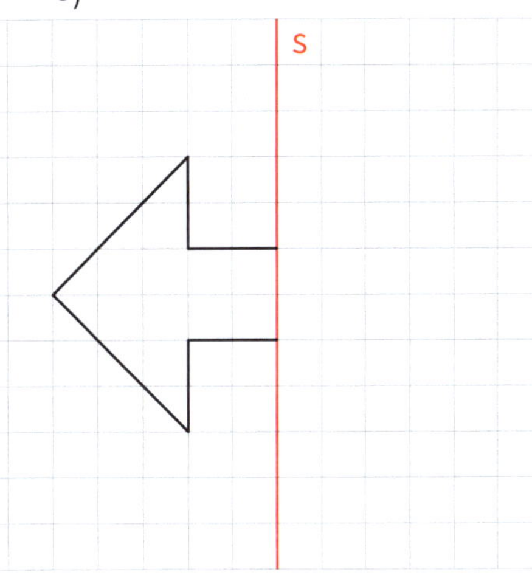

f)

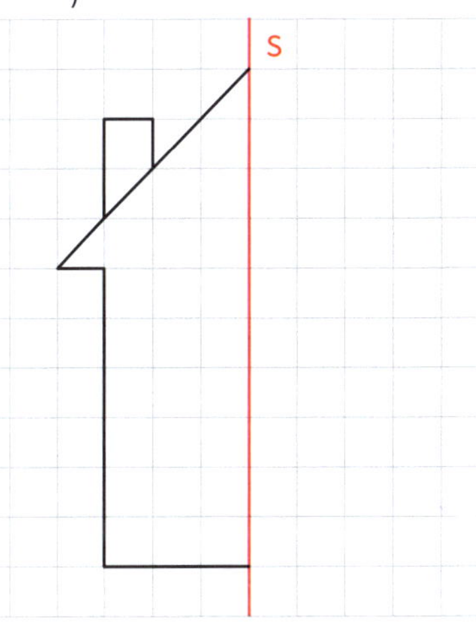

g)

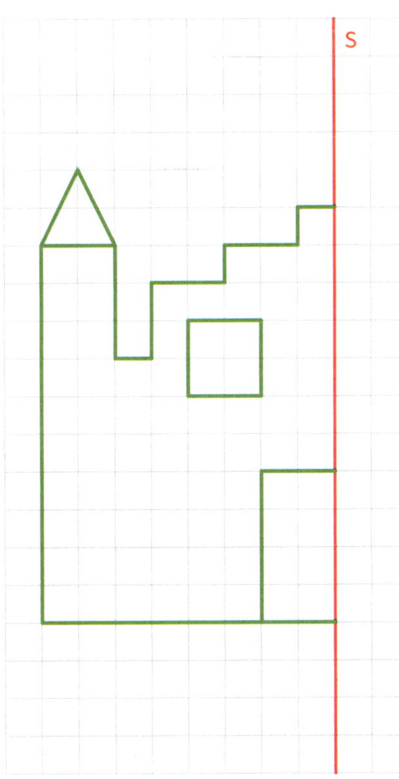

h)

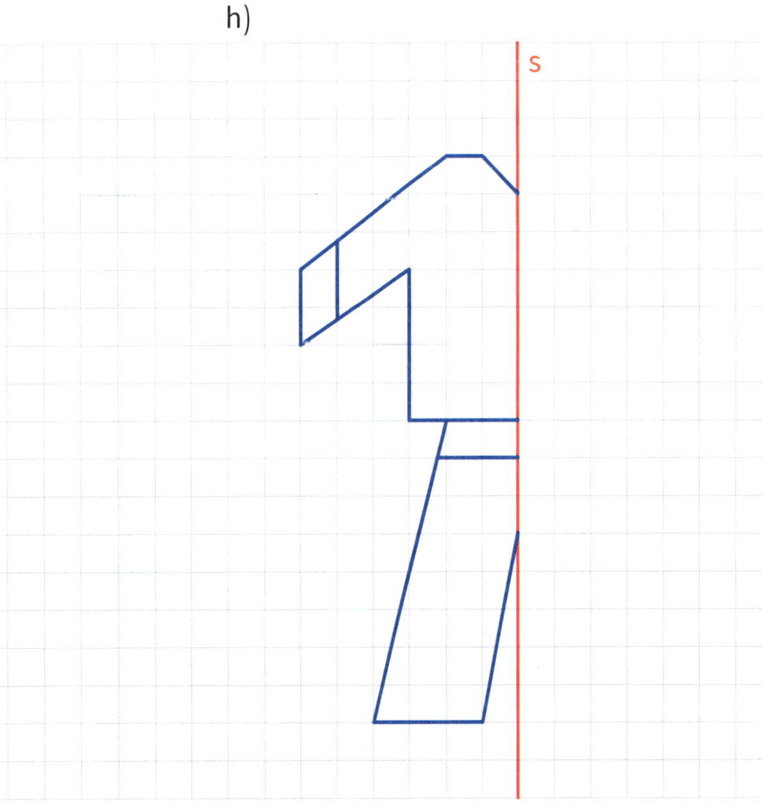

Drehung

1 Drehe die Figur um 90° links herum. Der Drehpunkt ist der Punkt Z.

a)

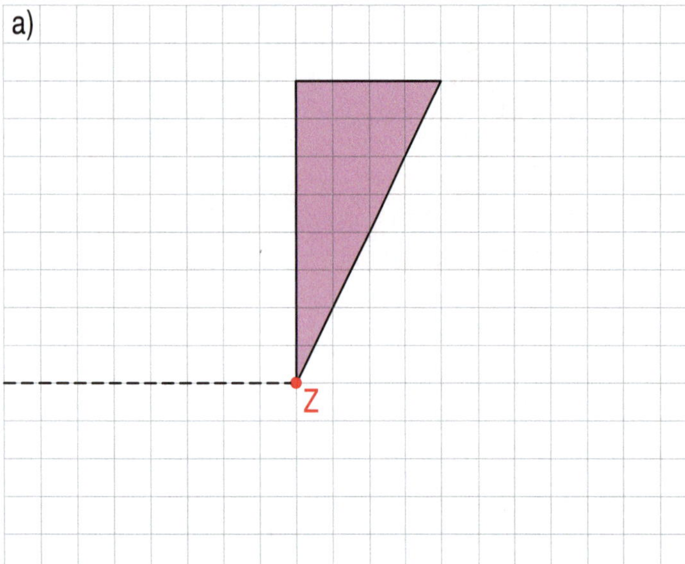

b)

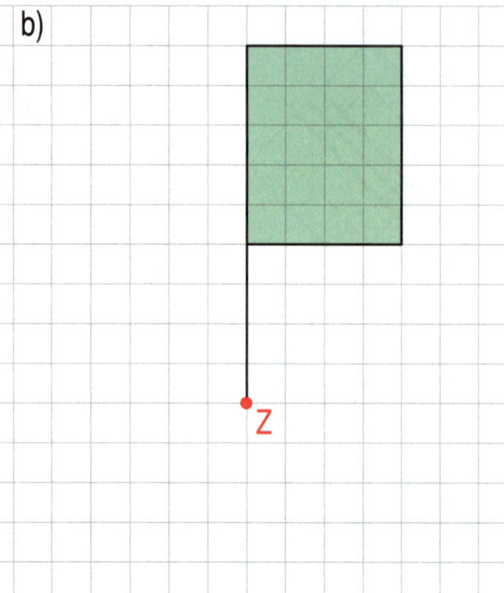

c)

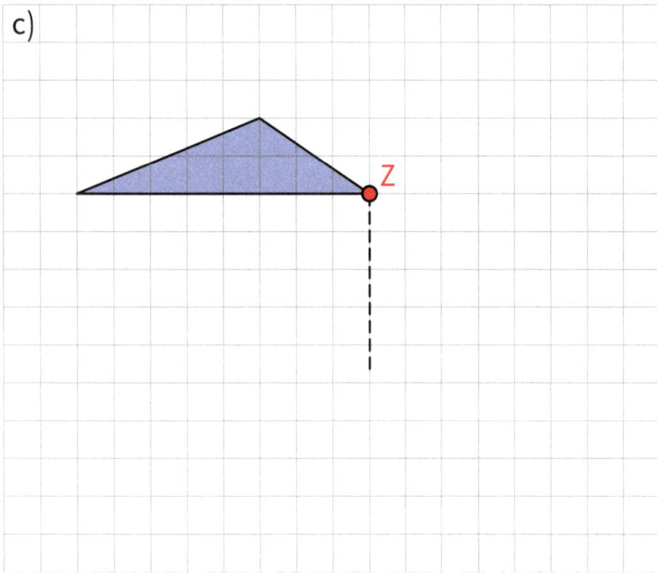

d)

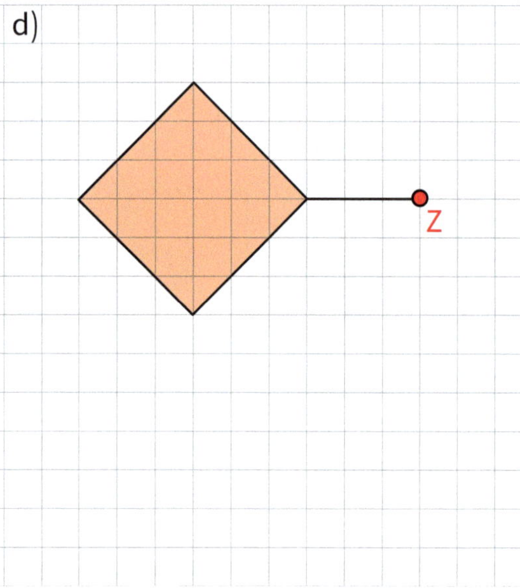

e)

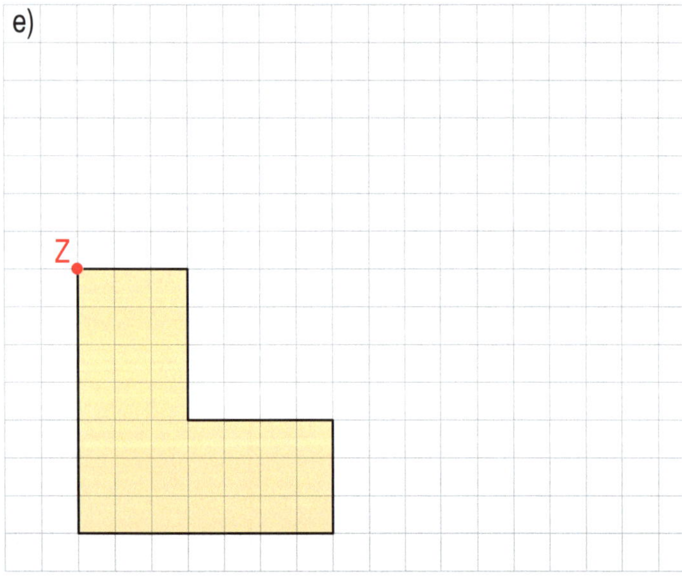

f)

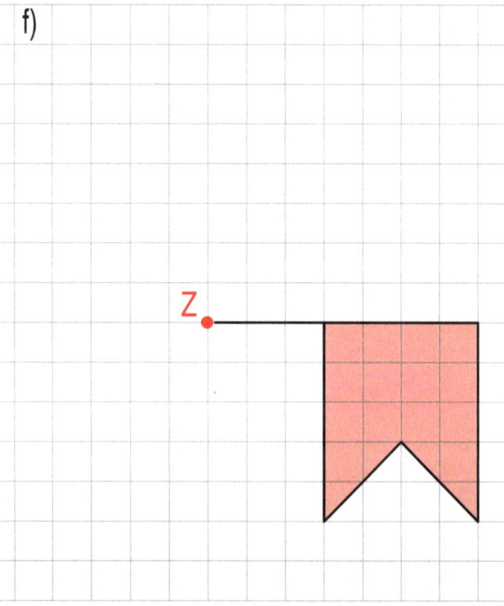

Punktsymmetrische Figuren

1 a) Welche Figuren sind punktsymmetrisch? Kreuze an.
b) Zeichne bei den punktsymmetrischen Figuren jeweils den Drehpunkt ein.

2 Ergänze zu einer punktsymmetrischen Figur.

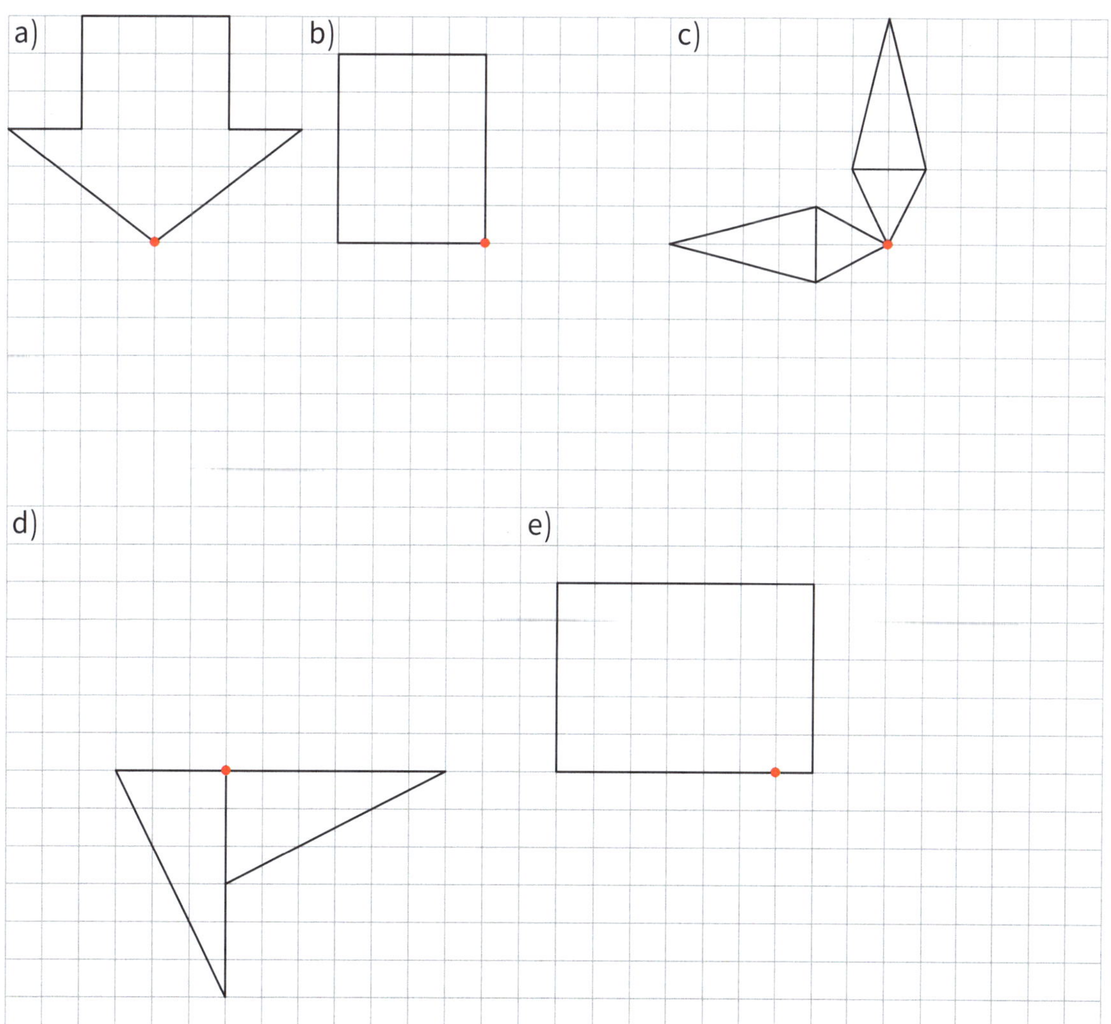

Vermischte Übungen

1 Zeichne die Spiegelachsen ein.

a) 

b) 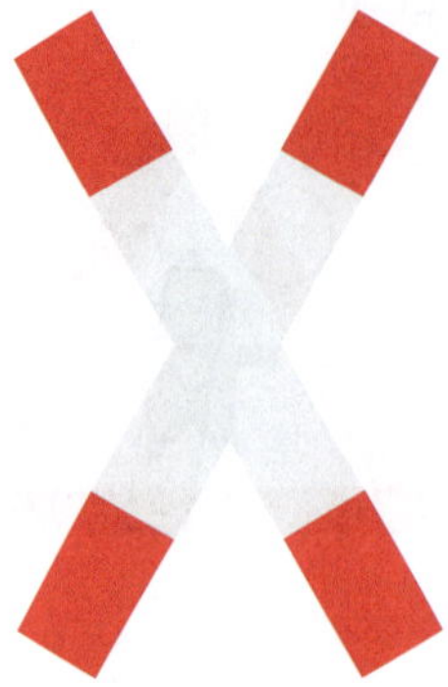

c) 

d) 

2 Spiegele die Figur an der Spiegelachse s.

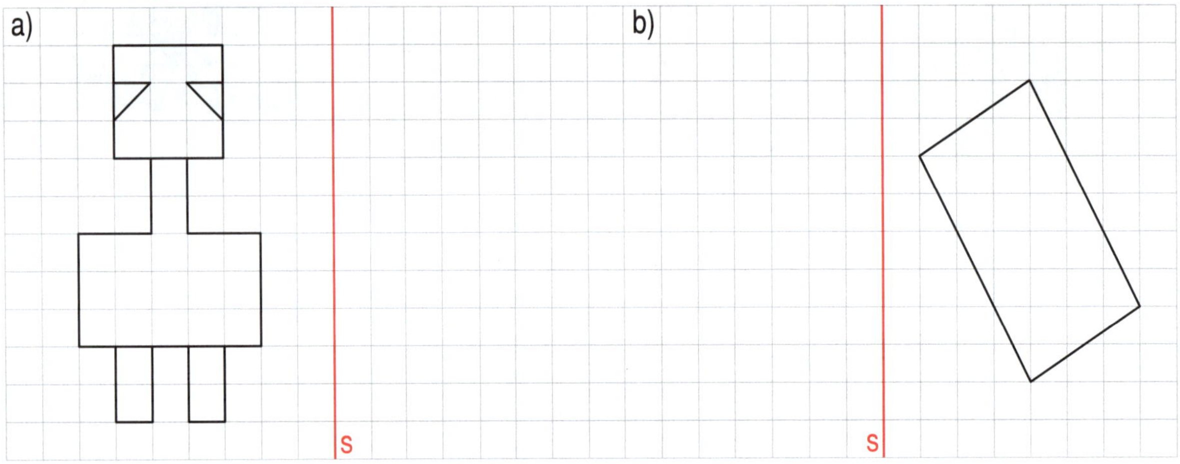

3 Ergänze zu einer achsensymmetrischen Figur mit der Symmetrieachse s.

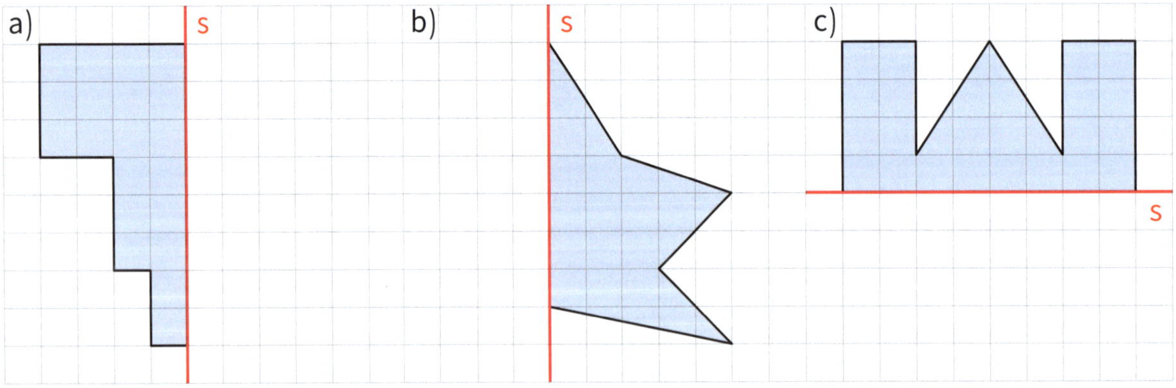

4 Ergänze zu einer punktsymmetrischen Figur.

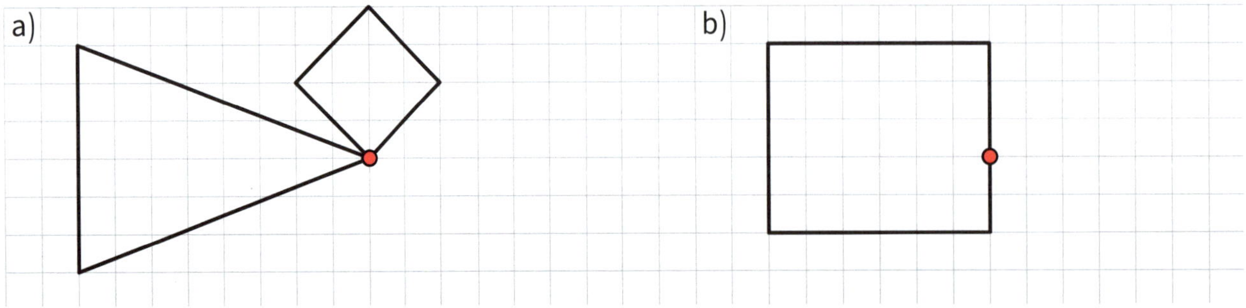

9 Brüche

1 Wo wurde in gleich große Teile (gerecht) geteilt? Kreuze an.

2 Wie heißt der Bruch?

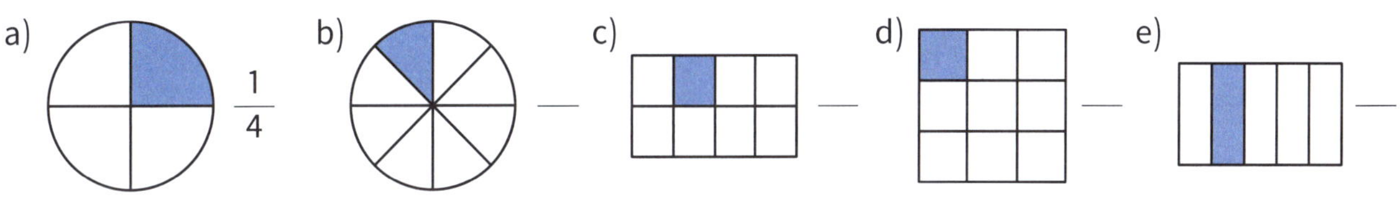

3 Färbe immer ein Feld. Gib den Bruchteil an.

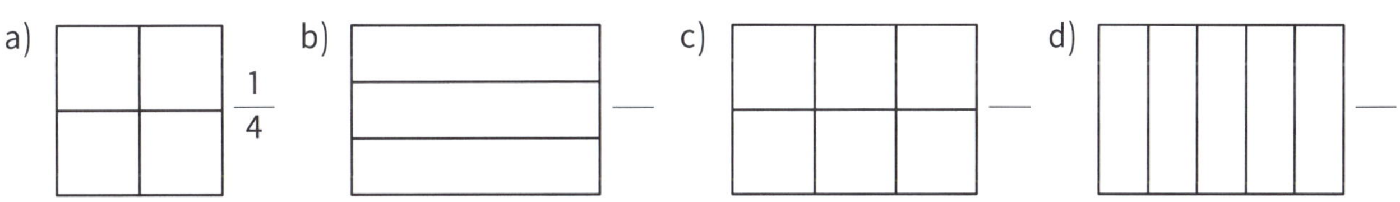

4 Zeichne und färbe den angegebenen Bruchteil.

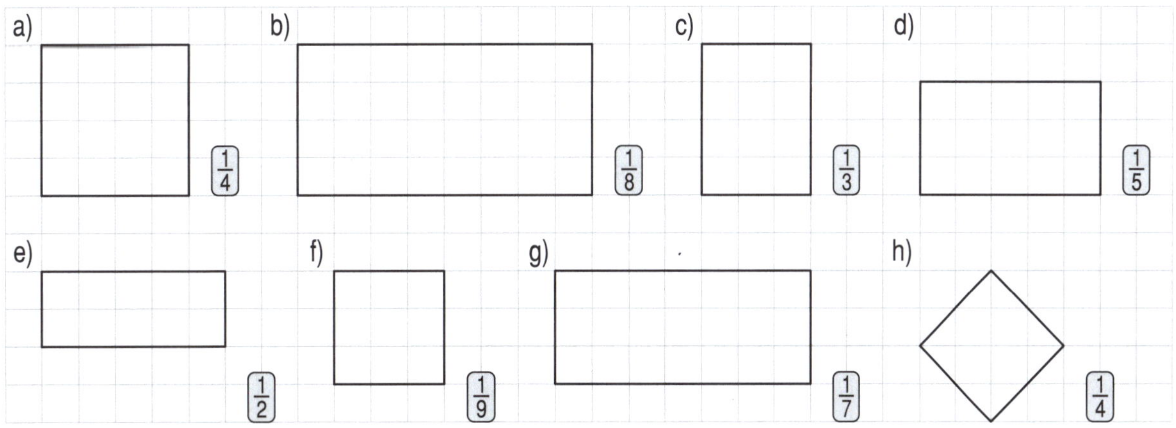

Bruchteile erkennen

1 Welcher Bruchteil ist gefärbt?

a) b) c) d) e)

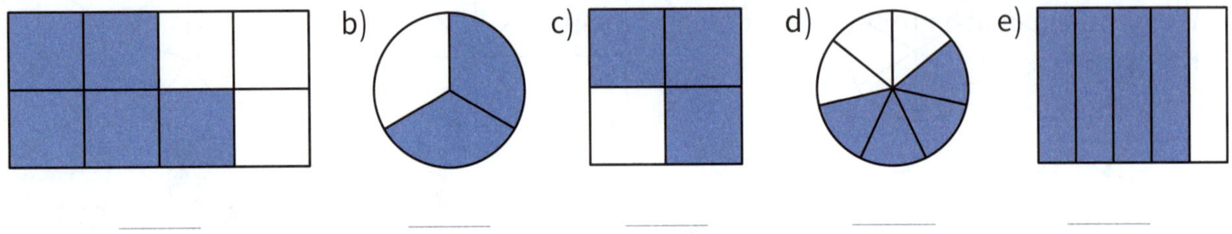

2 Färbe in jeder Figur den im Kreis dargestellten Bruchteil.

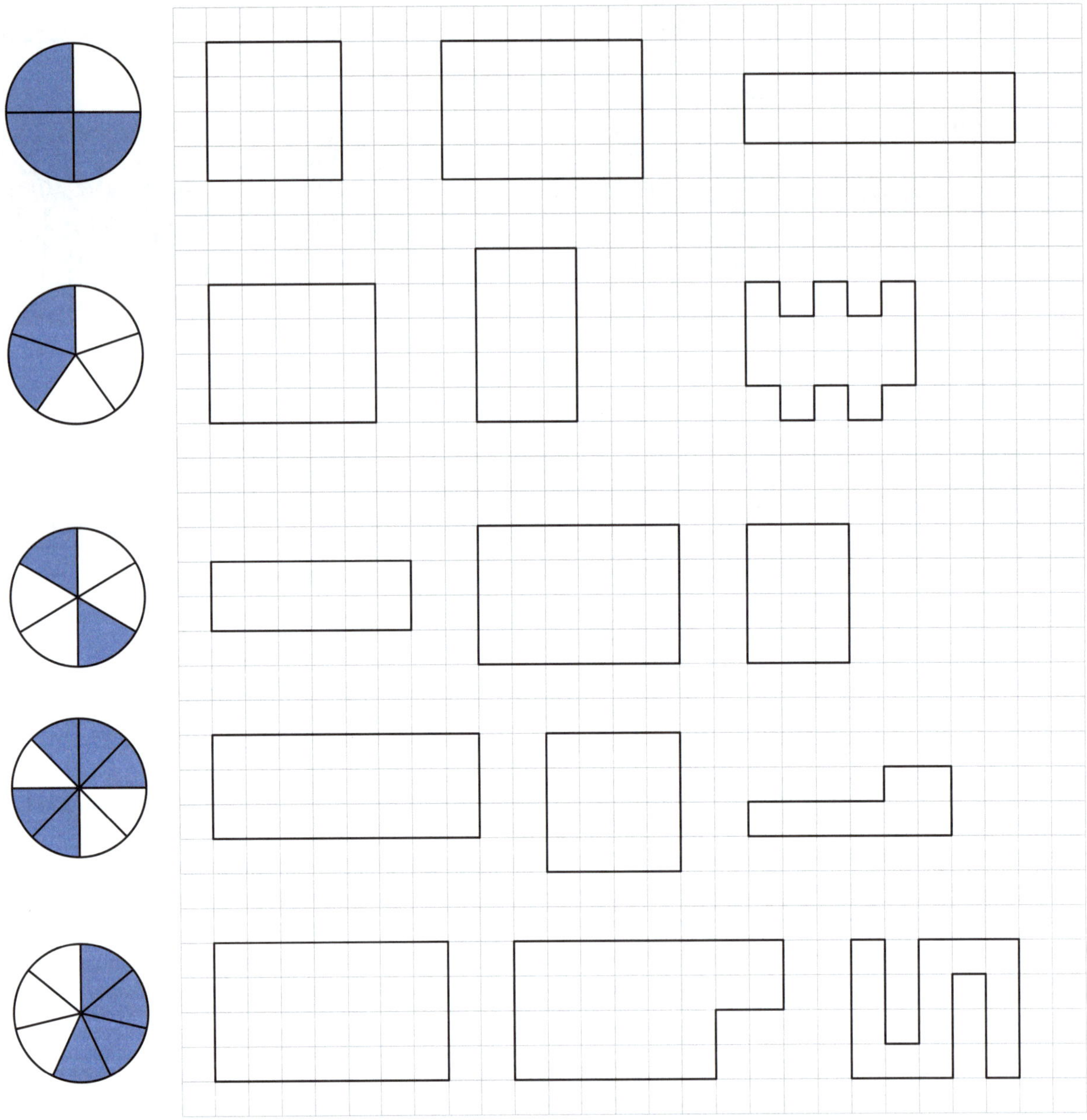

3 Finde verschiedene Möglichkeiten, in den Quadraten $\frac{3}{4}$ darzustellen.

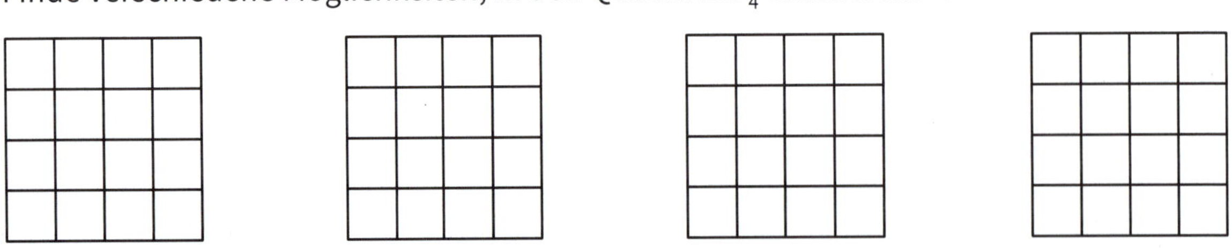

Brüche vergleichen

1 Notiere die Brüche. Setze ein: < oder >

a) 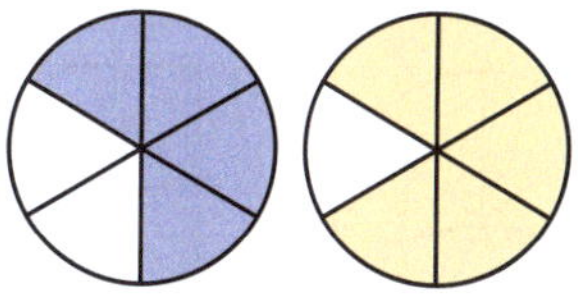

$\frac{\quad}{6} \square \frac{\quad}{6}$

b) 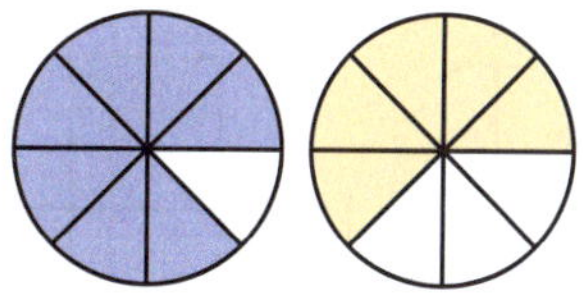

$\underline{\quad} \square \underline{\quad}$

c) 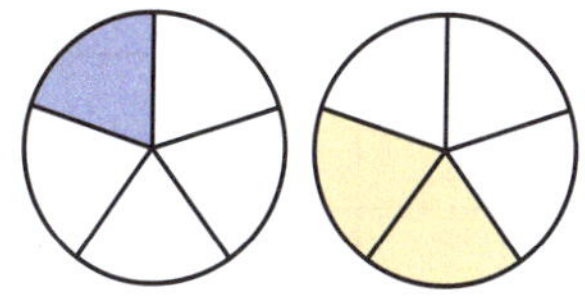

$\underline{\quad} \square \underline{\quad}$

2 Die Streifen sind gleich lang. Welcher Bruchteil ist gefärbt? Setze ein: < oder >

a) 

$\frac{\quad}{4} \square \frac{\quad}{3}$

b) 

$\underline{\quad} \square \underline{\quad}$

3 Färbe die Bruchteile, dann setze ein: < oder >

a) 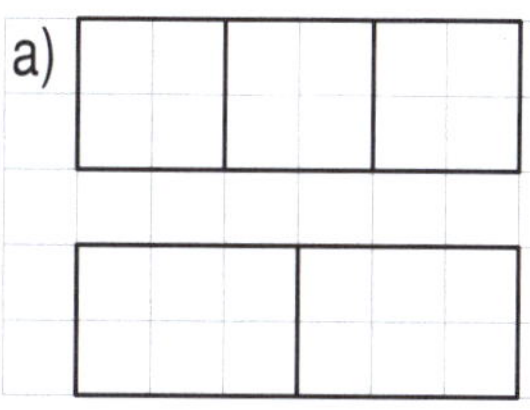

$\frac{1}{3} \square \frac{1}{2}$

b) 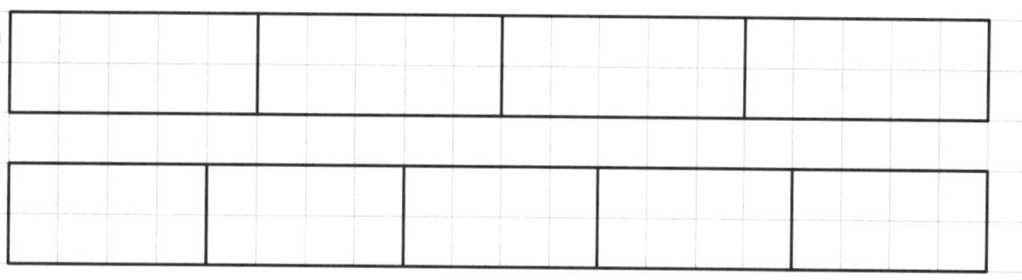

$\frac{3}{4} \square \frac{3}{5}$

4 Setze ein: < oder >

a) $\frac{1}{4} \square \frac{1}{7}$ $\frac{3}{4} \square \frac{3}{7}$

b) $\frac{1}{5} \square \frac{1}{3}$ $\frac{2}{5} \square \frac{2}{3}$

c) $\frac{1}{8} \square \frac{1}{9}$ $\frac{5}{8} \square \frac{5}{9}$

d) $\frac{1}{10} \square \frac{1}{4}$ $\frac{3}{10} \square \frac{3}{4}$

5 Färbe den ersten Bruchteil, dann vergleiche mit $\frac{1}{2}$. Setze ein: < oder >

a) 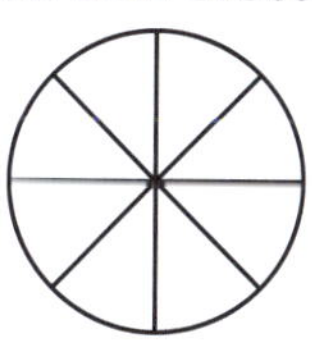

$\frac{5}{8} \square \frac{1}{2}$

b) 

$\frac{3}{5} \square \frac{1}{2}$

c) 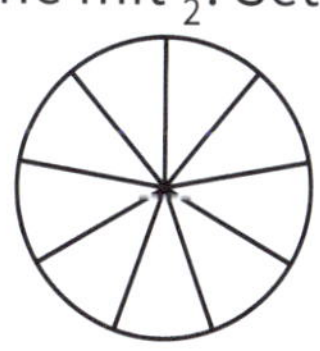

$\frac{4}{9} \square \frac{1}{2}$

d) 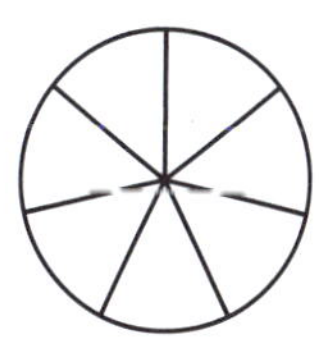

$\frac{3}{7} \square \frac{1}{2}$

e) 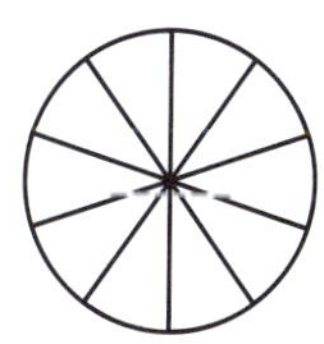

$\frac{7}{10} \square \frac{1}{2}$

6 Setze ein: < oder >

a) $\frac{5}{8} \square \frac{1}{2}$ b) $\frac{2}{5} \square \frac{1}{2}$ c) $\frac{5}{9} \square \frac{1}{2}$ d) $\frac{4}{7} \square \frac{1}{2}$ e) $\frac{3}{10} \square \frac{1}{2}$

7 Ein Bruch ist $> \frac{1}{2}$, der andere Bruch ist $< \frac{1}{2}$. Setze ein: < oder >

a) $\frac{5}{8} \square \frac{4}{9}$ b) $\frac{3}{7} \square \frac{5}{8}$ c) $\frac{6}{10} \square \frac{4}{9}$ d) $\frac{3}{8} \square \frac{5}{9}$ e) $\frac{6}{10} \square \frac{3}{7}$

8 Ordne die Brüche der Größe nach. Beginne mit dem kleinsten Bruch.

a) $\frac{1}{2}; \frac{1}{5}; \frac{1}{3}$ ______________________

b) $\frac{3}{5}; \frac{3}{4}; \frac{3}{7}$ ______________________

Vermischte Übungen

1 Welcher Bruchteil ist gefärbt?

a) 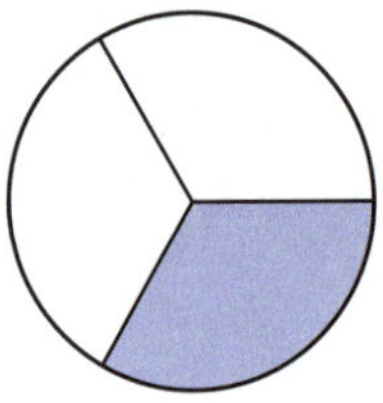 $\frac{1}{3}$

b) 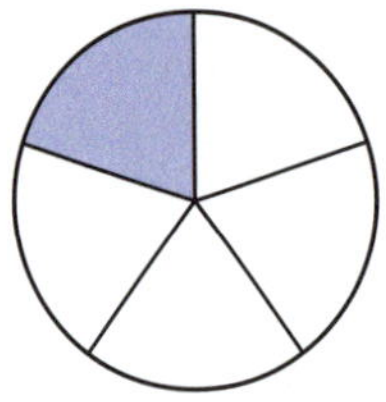 ____

c) 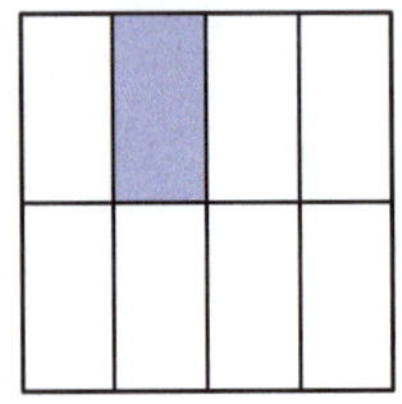 ____

d) 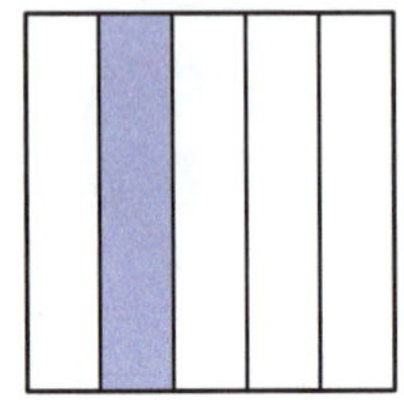 ____

2 Zeichne und färbe den angegebenen Bruchteil.

a) 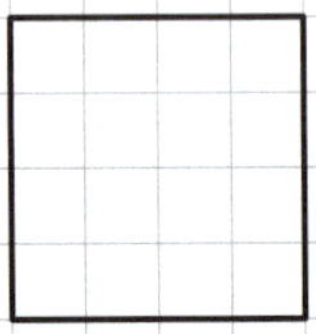 $\frac{1}{4}$

b)  $\frac{1}{8}$

c)  $\frac{1}{3}$

d)  $\frac{1}{5}$

3 Welcher Bruchteil ist gefärbt?

a)  ____

b) 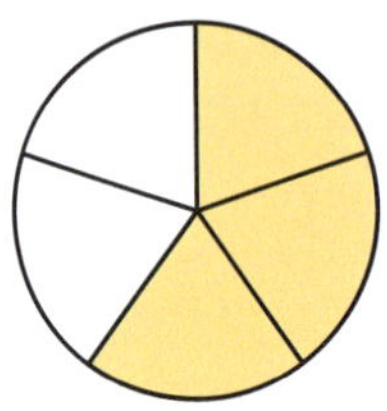 ____

c) 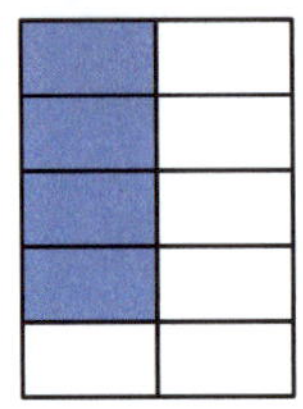 ____

d) 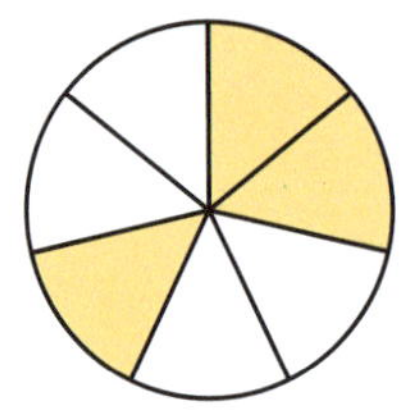 ____

4 Färbe den angegebenen Bruchteil.

a) 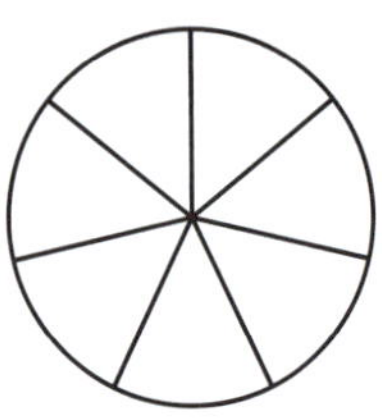 $\frac{5}{7}$

b) 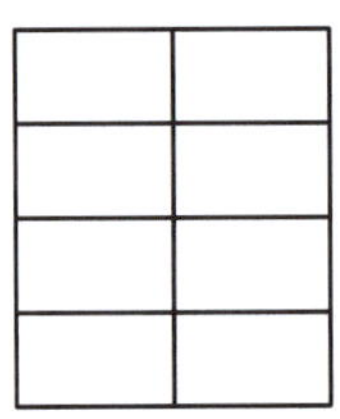 $\frac{5}{8}$

c) 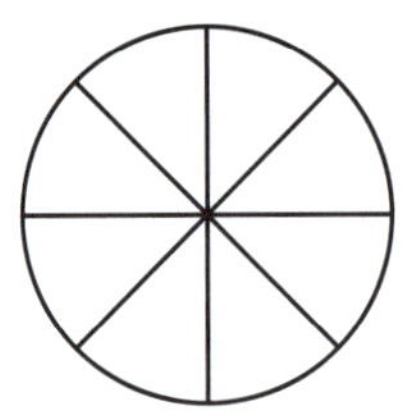 $\frac{7}{8}$

d) 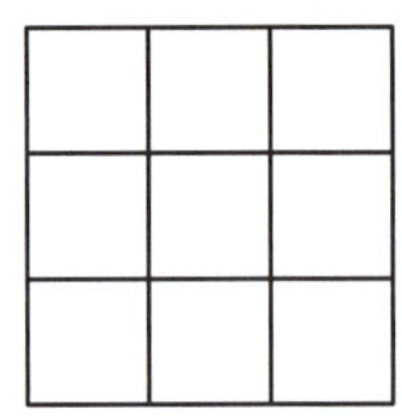 $\frac{5}{9}$

5 Färbe die Bruchteile, dann setze ein: < oder >.

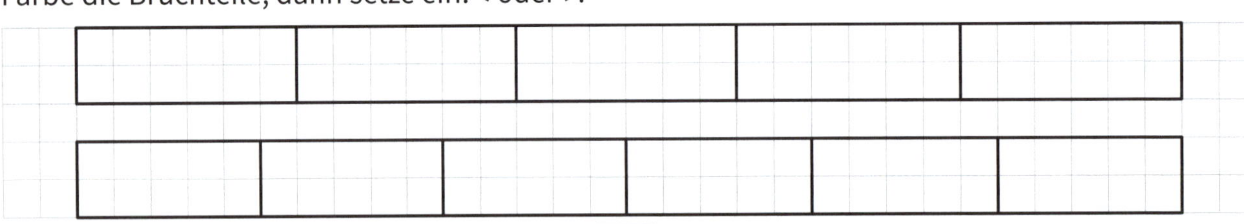

$\frac{4}{5}$ ☐ $\frac{4}{6}$

6 Setze ein: < oder >

a) $\frac{3}{7}$ ☐ $\frac{5}{7}$ b) $\frac{1}{8}$ ☐ $\frac{1}{9}$ c) $\frac{1}{5}$ ☐ $\frac{1}{3}$ d) $\frac{2}{3}$ ☐ $\frac{2}{5}$ e) $\frac{7}{12}$ ☐ $\frac{7}{10}$

Ordne die Brüche der Größe nach. Beginne mit dem kleinsten Bruch.

7 a) $\frac{1}{4}; \frac{1}{3}; \frac{1}{8}$ ____ b) $\frac{4}{7}; \frac{4}{9}; \frac{4}{5}$ ____

10 Zeit

1 Ordne zu.

60 s

60 min

24 h

___________ ___________ ___________

2 Ordne die passenden Zeitangaben zu.

Klassenfahrt	___________
100-Meter-Lauf	___________
Unterrichtsstunde	___________
Musikstück	___________
Kinofilm	___________

15 s | 1 h 50 min | 3 min 40 s | 5 Tage | 45 min

3 Wie viele Stunden sind es?

a) 2 Tage = ____ h b) 10 Tage = ____ h c) 5 Tage = ____ h d) 7 Tage = ____ h

4 Wie viele Minuten sind es?

a) 3 h – ____ min b) 5 h = ____ min c) 4 h = ____ min d) 1h 30 min = ____ min

5 Wie viele Minuten sind es?

a) 120 s = ____ min b) 600 s = ____ min c) 480 s = ____ min d) 660 s = ____ min

6 Wie viele Sekunden sind es?

a) 1 min = ____ s b) 6 min = ____ s c) 9 min = ____ s d) 10 min = ____ s

7 Ordne die Zeitangaben nach ihrer Dauer. Beginne mit der kürzesten Dauer.

90 min	E
2 min	C
$\frac{1}{2}$ min	O
10 s	W
1 h	H

Wie heißt das Lösungswort? ___________

Zeitpunkte und Zeitspannen

1 Ergänze.

a) 40 min + ____ min = 1 h
50 min + ____ min = 1 h

b) 15 min + ____ min = 1 h
8 min + ____ min = 1 h

c) 90 min + ____ min = 2 h
45 min + ____ min = 2 h

2 Wie viele Minuten sind es bis zur nächsten vollen Stunde?

a) 5 : 40 ____ min

b) 10 : 35 ____ min

c) 19 : 53 ____ min

d) 8 : 01 ____ min

3 Wie viele Minuten sind es bis zur nächsten vollen Stunde?

a)  ____ min

b)  ____ min

c)  ____ min

4

Wie lange dauert es noch bis zur nächsten Vorführung?

A: ______________________________

____

5 Vervollständige die Tabelle.
Mario fährt um 7:20 Uhr los und erreicht die Schule um 7:49 Uhr.
Josef fährt 25 Minuten und kommt um 7:50 Uhr bei der Schule an.
Hatice fährt um 7:10 Uhr los, die Fahrzeit zur Schule beträgt 37 Minuten.

	Mario	Josef	Hatice
Abfahrt	7:20 Uhr		
Fahrtdauer			37 Minuten
Ankunft	7:49 Uhr	7:50 Uhr	

6 Vervollständige die Tabelle.
Uta fährt um 13:30 Uhr mit dem Bus von der Schule ab. Um 14:00 Uhr steigt Uta aus.
Gregor steigt um 13:25 Uhr in den Bus ein und verlässt ihn nach 25 Minuten.
Ines fährt insgesamt 28 Minuten mit dem Bus. Sie steigt um 14:08 Uhr aus.

	Uta	Gregor	Ines
Abfahrt			
Fahrtdauer			
Ankunft			

Zeitpunkte und Zeitspannen

1

Von 7:45 Uhr bis 8:00 Uhr sind es

____ Minuten,
von 8:00 Uhr bis 13:00 Uhr sind es

____ Stunden,
von 13:00 Uhr bis 13:05 Uhr sind es

____ Minuten.

Schreibe so:

	7:45 Uhr bis 13:05 Uhr
von 7:45 Uhr bis 8:00 Uhr:	15 Minuten
von 8:00 Uhr bis 13:00 Uhr:	____ Stunden
von 13:00 Uhr bis 13:05 Uhr:	____ Minuten
____ Stunden	____ Minuten

Von 7:45 Uhr bis 13:05 Uhr sind es ____ Stunden und ____ Minuten.

2 Zeichne die Zeiger ein. Wie viel Zeit ist vergangen?

Nadine fährt um 15:00 Uhr los zum Training.

Den Sportplatz erreicht sie um 15:20 Uhr.

Das Training ist um 17:00 Uhr zu Ende.

Um 17:30 Uhr kommt Nadine wieder zu Hause an.

 20 min →  →  → 

A: ____________________

3

Anfang	9:00 Uhr	9:45 Uhr	12:30 Uhr	15:55 Uhr	19:47 Uhr	
Dauer	55 min	30 min	1 h 20 min			1 h 15 min
Ende				17:00 Uhr	21:57 Uhr	19:15 Uhr

4 Wie viel Zeit ist insgesamt vergangen?

16:46 → ____ min → 16:52 → ____ min → 17:15 → ____ min → 17:19

A: ____________________

Vermischte Übungen

1 Wie viele Minuten sind es?

a) 2 h = ____ min 3 h = ____ min 1 h 20 min = ____ min 2 h 30 min = ____ min

b) 180 s = ____ min 300 s = ____ min 120 s = ____ min 600 s = ____ min

c) 1 h 40 min = ____ min 4 h = ____ min 3 h 10 min = ____ min 5 h = ____ min

2 Ergänze.

a) 30 min + ____ min = 1 h b) 45 min + ____ min = 1 h c) 70 min + ____ min = 2 h

50 min + ____ min = 1 h 11 min + ____ min = 1 h 118 min + ____ min = 2 h

35 min + ____ min = 1 h 7 min + ____ min = 1 h 95 min + ____ min = 2 h

3 Wie viele Minuten sind es bis zur nächsten vollen Stunde?

a)  8:45 Uhr

____ min

b) 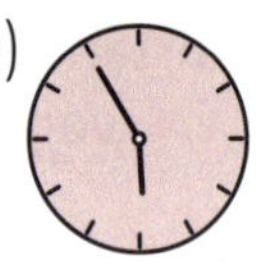 17:55 Uhr

____ min

c)  21:10 Uhr

____ min

4 Wie viel Zeit ist insgesamt vergangen?

10:45 —20 min→ 11:05 —____ min→ 11:30 —____ min→ 12:10

A: ____

5 Fülle die Tabelle aus.

Abfahrt	13:00 Uhr	7:45 Uhr	10:45 Uhr	11:55 Uhr	
Fahrtdauer	45 min		30 min		20 min
Ankunft		8:00 Uhr		12:30 Uhr	9:30 Uhr

6 Zeichne die Zeiger ein. Wie viel Zeit ist vergangen?

Paul kommt um 15:00 Uhr beim Kino an.

Um 15:15 Uhr sitzt er im Kinosaal.

Der Film beginnt um 15:30 Uhr.

Um 17:20 Uhr ist der Film zu Ende.

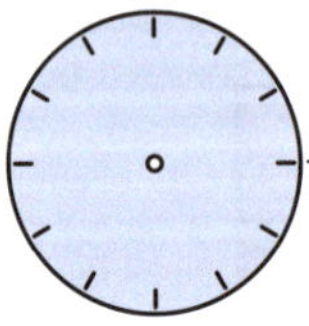 —15 min→ 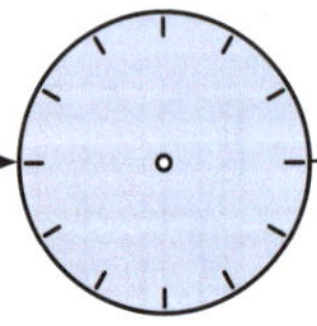 → 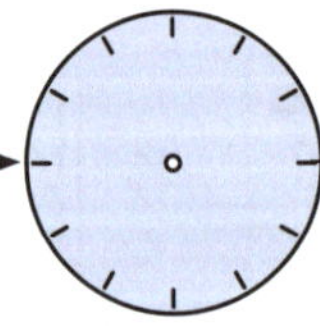 → 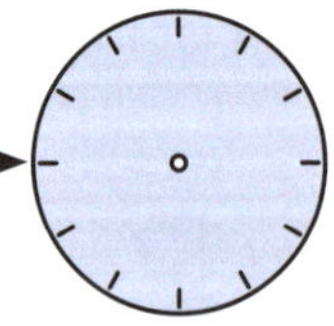

A: ____

7 Ein Kinofilm beginnt um 17:15 Uhr.
Der Film dauert 95 Minuten.
Um wie viel Uhr endet der Film?

A: ____

1 Kleiner, größer oder gleich? Setze ein: <, > oder =.

a)		b)		c)		d)	
372 ☐ 394		2 789 ☐ 5 496		913 ☐ 9 002		5 041 ☐ 5 041	
654 ☐ 645		999 ☐ 1 002		6 098 ☐ 6 123		2 440 ☐ 2 044	
298 ☐ 289		5 852 ☐ 5 258		2 501 ☐ 1 925		3 689 ☐ 6 389	

2 a) Bilde aus den Ziffern sechs verschiedene Zahlen.

5 3 2 9

______ ______ ______ ______ ______ ______

b) Wie heißt die größte Zahl, die du mit den Karten bilden kannst? ______

c) Wie heißt die kleinste Zahl, die du mit den Karten bilden kannst? ______

3 Runde auf Hunderter.

a)	b)	c)	d)
764 ≈ ___	516 ≈ ___	4 321 ≈ ___	5 049 ≈ ___
532 ≈ ___	975 ≈ ___	8 078 ≈ ___	9 989 ≈ ___

4 Runde auf Tausender.

a)	b)	c)	d)
3 259 ≈ ___	2 046 ≈ ___	3 584 ≈ ___	769 ≈ ___
4 852 ≈ ___	6 807 ≈ ___	7 358 ≈ ___	43 817 ≈ ___

5 Wie heißt die Zahl in der Mitte? Trage ein.

a)	b)	c)	d)
60 — ___ — 80	70 — ___ — 90	340 — ___ — 360	150 — ___ — 200

e)	f)	g)	h)
480 — ___ — 490	500 — ___ — 600	750 — ___ — 800	300 — ___ — 350

6 Addiere und subtrahiere.

a)	b)	c)	d)	e)
4 7 9	7 0 3	6 9 5	5 8 0	7 2 6
+ 3 4 2	+ 1 4 7	− 4 7	− 3 3 9	− 1 0 9
_____	_____	_____	_____	_____

7 Ergänze die fehlenden Ziffern.

a)	b)	c)	d)	e)
3 _ 5	_ 5 2	7 0 _	_ 4 3	5 _ _
+ _ 6 2	+ 3 0 _	+ 1 _ 2	− 8 _ 1	− 2 3 0
6 1 _	8 _ 9	_ 7 0	1 4 _	_ 6 9

Alles paletti

Vermischte Übungen

8 Trage die Punkte A, B und C in das Koordinatensystem ein. Ergänze den Punkt D so, dass die angegebene Figur entsteht. Notiere die Koordinaten von Punkt D.

a) Rechteck
A(1|4), B(5|0), C(11|6), D(____|____)

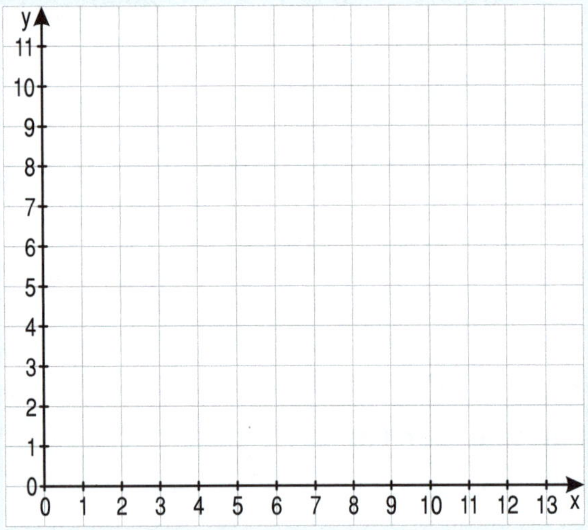

b) Parallelogramm
A(4|3), B(12|3), C(9|7), D(____|____)

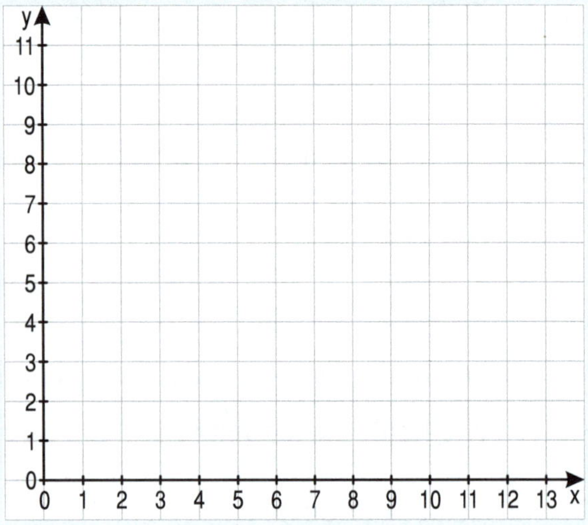

9 Strecke oder Gerade? Notiere den richtigen Begriff.

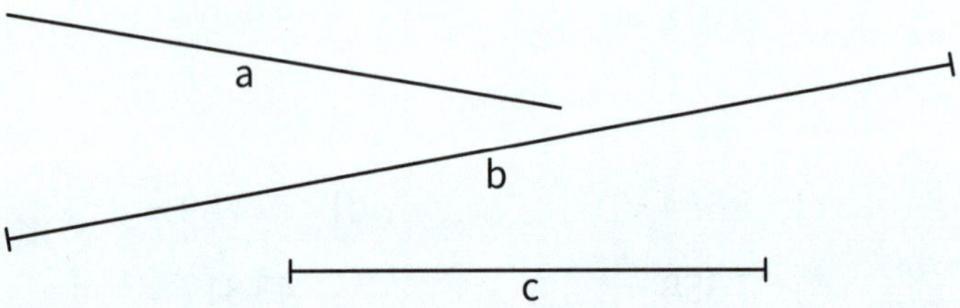

a: ________________

b: ________________

c: ________________

10 Zeichne die Senkrechten zur Geraden g durch die Punkte A, B, C, D und E.
Miss den Abstand des Punktes von der Geraden.

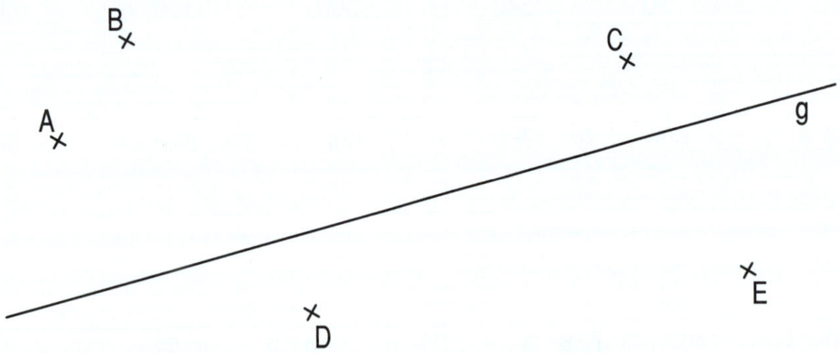

A: ________________

B: ________________

C: ________________

D: ________________

E: ________________

11 Zeichne zu jeder Geraden drei parallele Geraden im Abstand von jeweils 1 cm.

a) b) c)

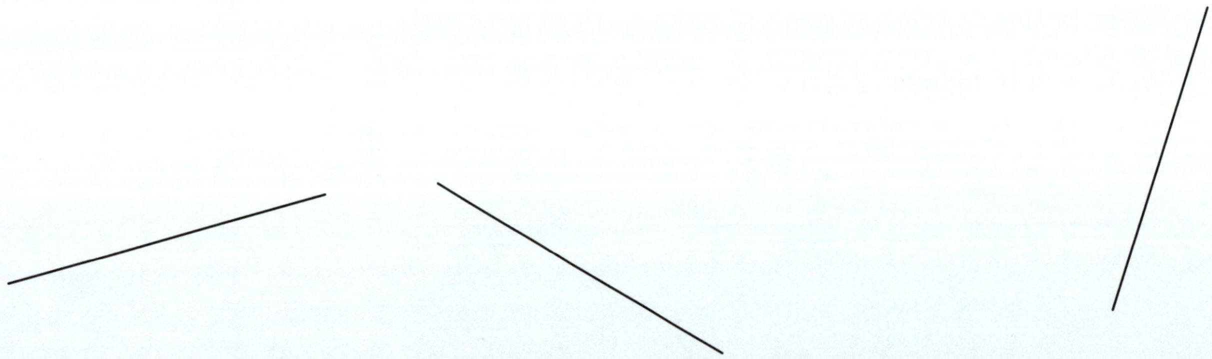

12 a) 600 · 3 = ____ b) 4 · 500 = ____ c) 70 · 50 = ____ d) 80 · 20 = ____

e) 120 : 4 = ____ f) 280 : 4 = ____ g) 630 : 7 = ____ h) 450 : 9 = ____

i) 164 : 4 = ____ j) 255 : 5 = ____ k) 126 : 6 = ____ l) 147 : 7 = ____

13 Multipliziere schriftlich.

a) 6 8 · 4 b) 7 6 3 · 6 c) 5 0 9 · 8 d) 6 2 7 · 7 e) 8 3 1 · 5

14 a) 4 2 6 · 4 0 b) 8 0 4 · 3 0 c) 5 2 7 · 4 2 d) 6 1 7 · 1 8

15 Dividiere schriftlich. Mache die Probe.

a) 2 0 7 : 3 = b) 4 8 4 5 : 5 = c) 5 5 3 2 : 6 =

d) 4 2 3 : 9 = e) 4 1 3 6 : 4 = f) 3 0 2 0 : 5 =

16 Im Kopf oder schriftlich? Trage die Ergebnisse ein.

a) 648 : 2 = ____ b) 2 178 : 9 = ____ c) 3 003 : 3 = ____

612 : 6 = ____ 5 055 : 5 = ____ 1 996 : 4 = ____

Alles paletti
Vermischte Übungen

17 Zeichne einen Durchmesser in den Kreis ein. Miss den Durchmesser. Gib den Radius an.

a)

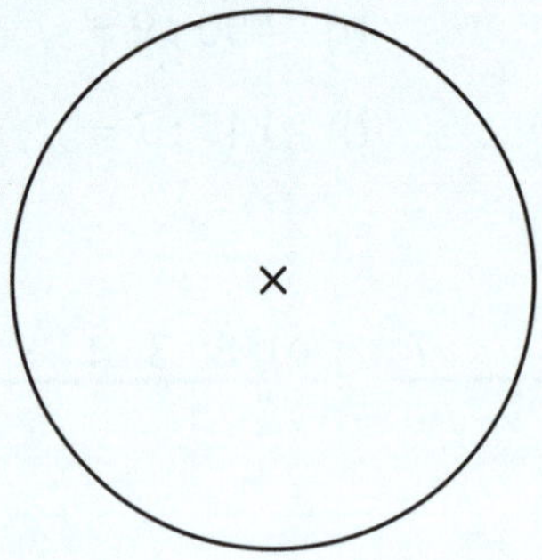

d = ____________

r = ____________

b)

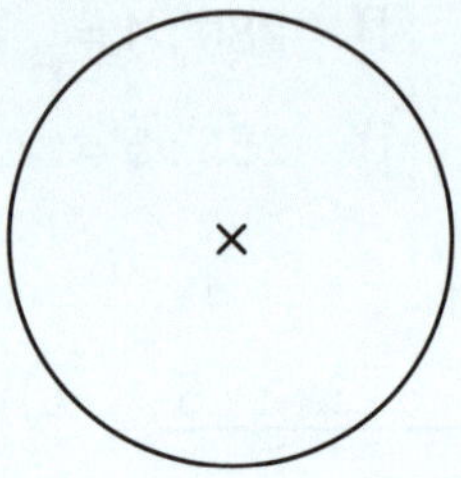

d = ____________

r = ____________

18 a) Welcher Winkel ist ein spitzer Winkel, welcher ist ein rechter Winkel, welcher ist ein stumpfer Winkel? Trage in die Tabelle ein.

b) Schätze die Größe der Winkel. Prüfe durch Messen.

Winkelart	Winkel	geschätzt	gemessen
spitzer Winkel			
rechter Winkel			
stumpfer Winkel			

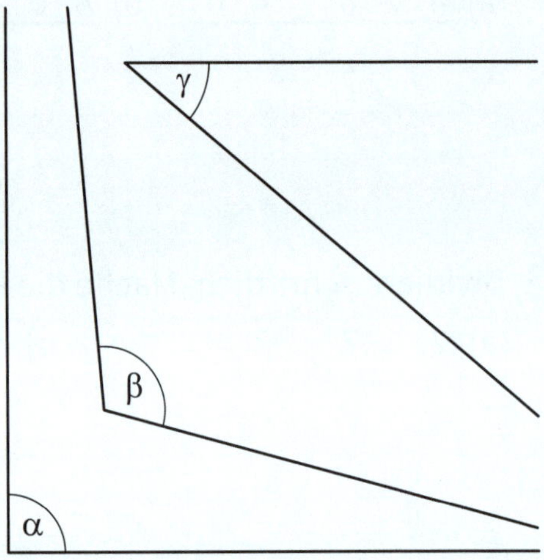

19 Fülle die Tabelle aus.

a)

1 m 25 cm		
1,25 m		11,75 m
	160 cm	

b)

2 km 750 m		
	5,975 km	
2 750 m		3 200 m

20 Ordne nach der Größe. Beginne mit der größten Länge.

a) 4,8 cm 6 m 3,25 m 8 cm

______ > ______ > ______ > ______

b) 128 m 3,5 km 8,99 m 1 km

______ > ______ > ______ > ______

21 Immer drei Längenangaben sind gleich. Kennzeichne sie mit der gleichen Farbe.

1,055 km	1 cm 3 mm	2 km 750 m	1 m 3 cm	103 cm	1 055 m
13 mm	1,03 m	1 km 55 m	2 750 m	1,3 cm	2,75 km

22 Max wohnt 1,2 km von der Schule entfernt.
Wie viel Meter sind das für Hin- und Rückweg zusammen?

A: ____

23 Miss Länge und Breite des Rechtecks. Berechne den Umfang und den Flächeninhalt.

a)

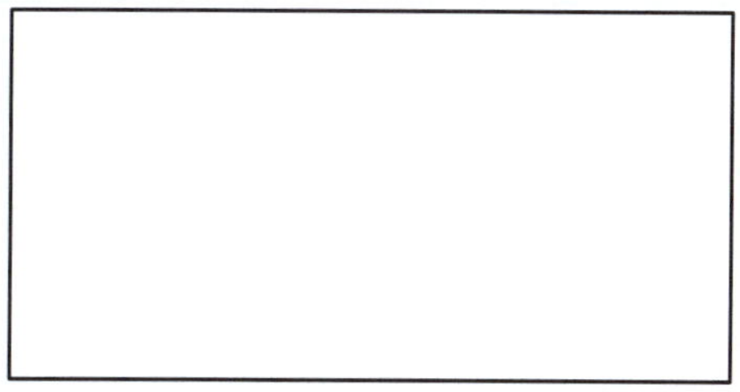

___ cm

___ cm

u = ___

u = ___ cm

A = ___ · ___

A = ___ cm^2

b)

___ cm

___ cm

u = ___

u = ___ cm

A = ___ · ___

A = ___ cm^2

24 Setze die passende Einheit ein: mm^2, cm^2 oder m^2.

a) Tür: 2 ___
Briefmarke: 5 ___

b) Heftzwecke: 50 ___
Terrasse: 12 ___

c) Heftseite: 600 ___
Geodreieck: 60 ___

25 Wandle um.

a) 8 cm^2 = ___ mm^2
10 cm^2 = ___ mm^2

b) 700 mm^2 = ___ cm^2
1 000 mm^2 = ___ cm^2

c) 100 mm^2 = ___ cm^2
900 mm^2 = ___ cm^2

26 Spiegle die Figur an der Spiegelachse s.

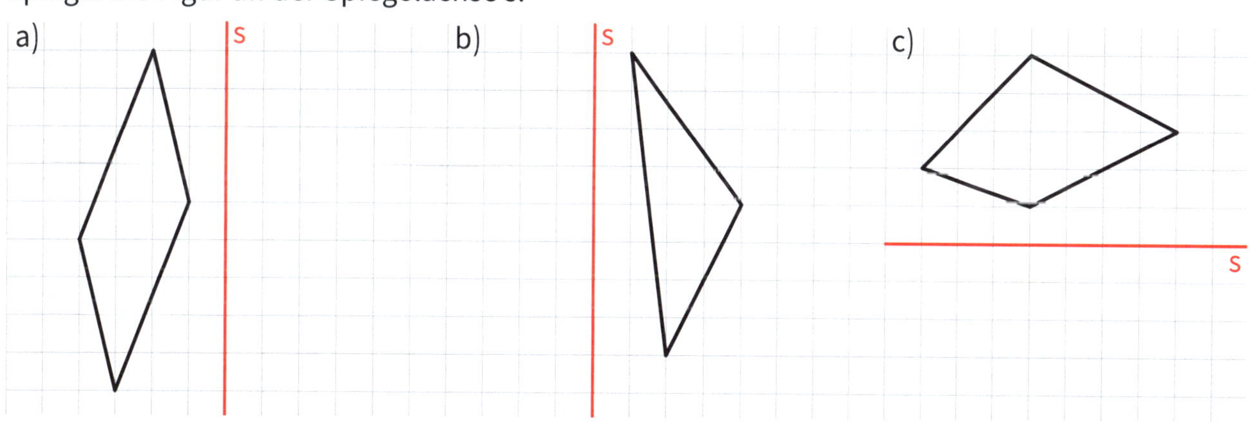

27 a) Ergänze die Figur A achsensymmetrisch. b) Ergänze die Figur B punktsymmetrisch.

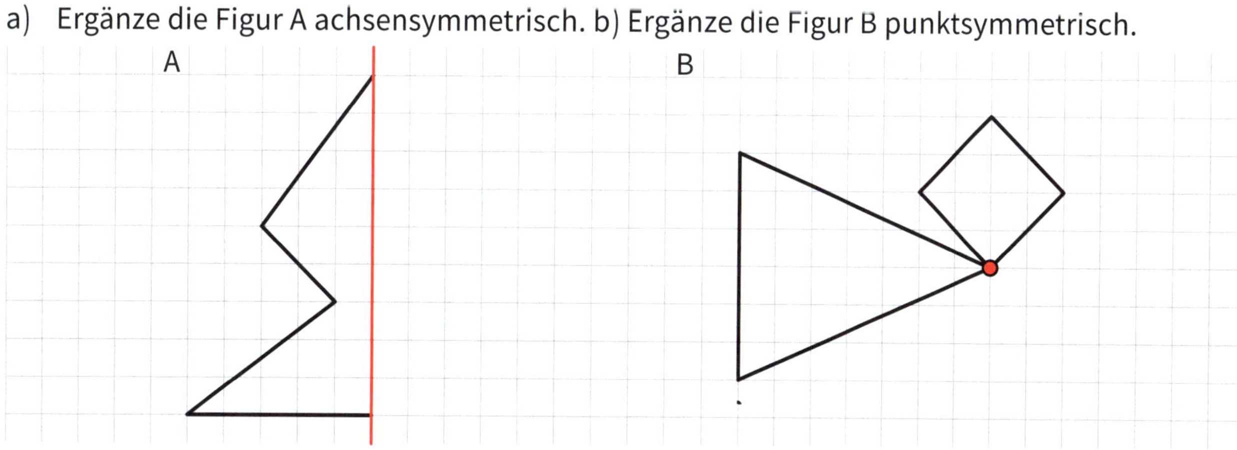

Alles paletti

Vermischte Übungen

28 Welcher Bruchteil ist gefärbt?

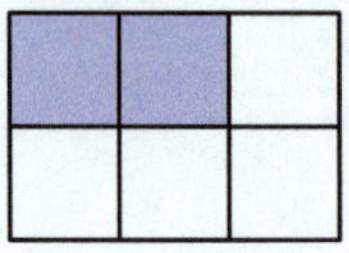 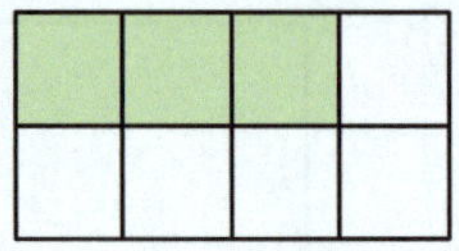 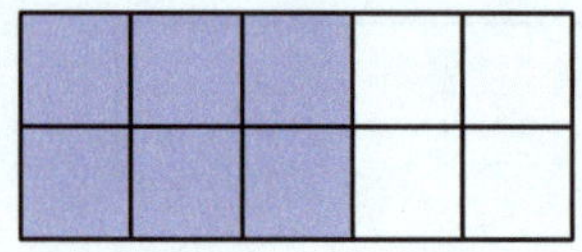 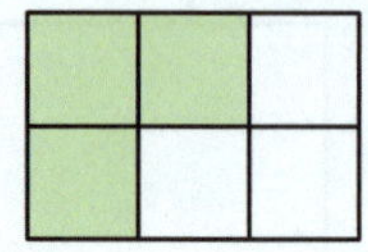

29 Färbe den angegebenen Bruchteil.

a) $\frac{5}{8}$ 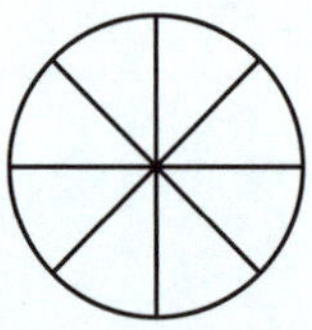 b) $\frac{2}{5}$  c) $\frac{4}{9}$ 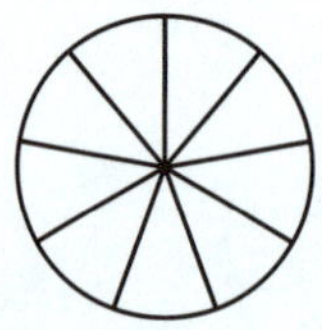 d) $\frac{3}{7}$ 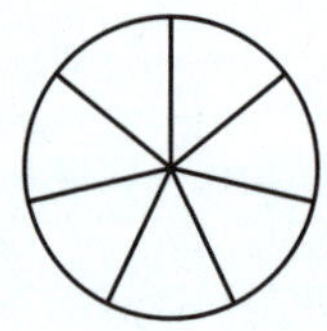 e) $\frac{7}{10}$ 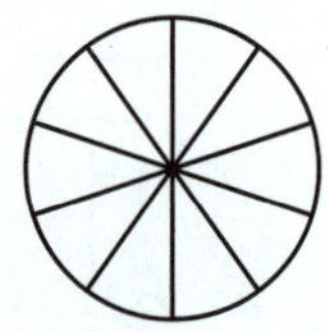

30 Färbe die Bruchteile, dann setze ein: < oder >.

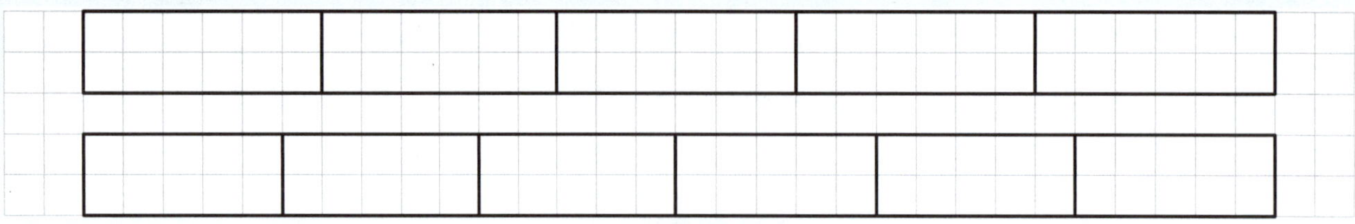

$\frac{2}{5}$ ☐ $\frac{2}{6}$

31 Setze ein: < oder >

a) $\frac{1}{5}$ ☐ $\frac{1}{4}$ b) $\frac{1}{3}$ ☐ $\frac{1}{5}$ c) $\frac{2}{7}$ ☐ $\frac{2}{5}$ d) $\frac{3}{8}$ ☐ $\frac{3}{4}$

32 Wie viele Minuten sind es?

a) 2 h = ______ min b) 1 h 10 min = ______ min c) $1\frac{1}{2}$ h = ______ min

d) 600 s = ______ min e) 120 s = ______ min f) 300 s = ______ min

33 Fülle die Tabelle aus.

Anfang	9:00 Uhr	9:45 Uhr	12:30 Uhr	15:55 Uhr	19:47 Uhr	
Dauer	55 min	30 min	1 h 20 min			1 h 15 min
Ende				17:00 Uhr	21:57 Uhr	19:15 Uhr

34 Wie viel Zeit ist insgesamt vergangen?

11:45 —20 min→ 12:05 —___ min→ 12:30 —___ min→ 13:10

A: ______________________________

35 Ein Fernsehfilm beginnt um 20:30 Uhr. Der Film dauert 45 Minuten.
Um wie viel Uhr endet der Film?
A: ______________________________